母婴关系

人生第一步

[美] 丹尼尔·斯特恩 (Daniel N. Stern) 著

杨昌勇　杨小刚　译

世界图书出版公司

北京·广州·上海·西安

图书在版编目（CIP）数据

母婴关系：人生第一步 / （美）丹尼尔·斯特恩（Daniel N. Stern）著；杨昌勇，杨小刚译.—北京：世界图书出版有限公司北京分公司，2018.5
书名原文：The First Relationship: Infant and Mother, with a New Introduction
ISBN 978-7-5192-4502-3

Ⅰ.①母… Ⅱ.①丹… ②杨… ③杨… Ⅲ.①婴幼儿心理学 Ⅳ.①B844.12

中国版本图书馆CIP数据核字（2018）第049569号

书　　名	母婴关系：人生第一步	
	MUYING GUANXI	
著　　者	[美]丹尼尔·斯特恩（Daniel N. Stern）	
译　　者	杨昌勇　杨小刚	
策划编辑	李晓庆	
责任编辑	李晓庆	
装帧设计	刘　岩	
封面插图	徐寅虎	
出版发行	世界图书出版有限公司北京分公司	
地　　址	北京市东城区朝内大街137号	
邮　　编	100010	
电　　话	010-64038355（发行）　64037380（客服）　64033507（总编室）	
网　　址	http://www.wpcbj.com.cn	
邮　　箱	wpcbjst@vip.163.com	
销　　售	新华书店	
印　　刷	三河市国英印务有限公司	
开　　本	880mm×1230mm　1/32	
印　　张	7	
字　　数	127千字	
版　　次	2018年5月第1版	
印　　次	2018年5月第1次印刷	
版权登记	01-2014-3452	
国际书号	ISBN 978-7-5192-4502-3	
定　　价	39.80元	

版权所有　翻印必究
（如发现印装质量问题，请与本公司联系调换）

献给我的孩子们

迈克尔、玛丽亚、卡雅

序言

无中生有的母婴关系与原生家庭

近年来，有关原生家庭、"父母皆祸害"的争论愈演愈烈。这些争论，除去一些商业炒作的成分外，归根究底还是精神分析和科学心理学之争。

本书作者丹尼尔·斯特恩就是一位试图整合精神分析和科学心理学的先驱。在介绍斯特恩本人以及对他的著作进行评价之前，我想先介绍一下精神分析和科学心理学的区别。这也是目前很多争论的根源。

科学心理学主要以大学为阵地，其分支包括认知心理学、实验心理学、发展心理学、社会心理学、临床心理学等。其中，发展心理学的主要研究对象是正常儿童。研究人员一般会设计一个实验情境，把母亲和婴儿邀请到实验室，进行数小时的观察。当然也有部分研究是研究者直接在儿童家里进行的。

精神分析学院是独立于美国大学和医院的机构，目标人群主要是精神科医生，提供的是类似医学界的博士后教育。在20世纪80年代以前，这类学院甚至拒绝学院派的心理学家申请入学。从一开始，精神分析理论就没有建立在实证主义的基础之上，而全部来自精神科医生对临床实践经验的总结。精神分析的研究也主要是精神科医生在做完个案之后，于一盏昏黄孤灯下反思和奋笔疾书，就像当年弗洛伊德在他的维也纳书斋里所做的事情一样。在过去，精神分析师们观察到的"婴儿"大多数都是"临床婴儿"，要么是来自成年人对自己儿童期的回忆或者幻想，要么是一些来自父母有心理障碍的家庭的婴儿。直到后来，他们才开始观察诊所之外的婴儿。

丹尼尔·斯特恩从20世纪70年代起所做的工作，就是分析师走出诊所、观察婴儿的几个坚实脚印。斯特恩生于1934年，死于2012年。他本来是一名药物研究者，后来决定成为精神科医生。20世纪70年代后期，他开始在哥伦比亚大学精神分析中心做精神分析研究和临床实践。

他的理论贡献主要有三方面。第一，在发展心理学上，他从观察母婴互动入手，提出、修正、验证了一系列精神分析理论观点。其主要成就又可细分为两点：（1）提出"自体"是多重建构、多重发展的，包括涌现自体、核心自体、主体自体、叙述自体等；（2）母婴之间复杂的互动形成一个原初叙述包（proto-narrative envelope）。这个原初叙述包就像一个没有词汇和语言的剧本，却包含了母婴互动的各种体验和记忆。其中，母亲的奉献功能是促进婴儿成长的关键。第二，在研究方法上，他整合了精神分析的诠释学和发展心理学的观察方法，发明了"母婴互动录像微观分析"这种研究方法，主要操作是把母婴互动的场景录制下来，一帧一帧地观察和讨论。第三，在临床工作方面，他指出了治疗师和来访者关系中的系统性和复杂性、治疗关系的主体间性以及非诠释技术的重要性。美国的自体心理学、主体间性理论和关系理论学派的人物都受他影响颇深。

他对精神分析临床工作的最大影响，当然还是和同事们一起组建了波士顿变化过程研究小组，专门研究母婴关系和治疗变化动力学。波士顿变化过程研究小组的研究在精神分析界引起了不小的轰动。迄今为止，在精神分析的数据库PEP中，这个小组的文章都有很高的引用率。其中有一个观点产生的影响尤为深远。他们认为，母亲和婴儿说话的内容并非最重要的沟通内容，他们彼此互动的节奏、韵律，才是产生意义感、生命活力的基础。因此在对某些个案的治疗中，最重要的不见得就是经典精神分析强调的解释技术和解释的内容，而是解释之外的很多治疗片段和时刻。这些时刻被命名为"现在时刻""相遇时刻""断裂时刻"等。这些时刻循环往复，谱写出一个个富有活力的篇章。①

本书是斯特恩早期的一本学术著作，早在1997年就被引进中国，以科普著作的定位进行推广。本版较前一版增加了一个前言。这个前言部分特别有学术分量，勾勒出斯特恩的学术思想的发展，串联起了他的另外几本书。②本书的主要结论是：母婴的互动就像和着音乐共舞一样，需要相互配合，遵循各种各样的互动模型。

斯特恩的研究假设和研究设计显然建立在实证主义的基础上，即假设有一个外在的、可以证实或者证伪母婴关系的真理存在，有

①　见毕比著《母婴互动与成人心理治疗中的主体间形式》、波士顿变化过程研究小组著《心理治疗中的改变》、拉斯廷著《婴儿研究和神经科学在心理治疗中的运用》、巴拉顿编《母婴关系创伤疗愈：早期创伤影响孩子的一生》、布洛迪著《我的童年受伤了》。

②　Stern, D. N. *The First Relationship: Infant and Mother.* Cambridge, MA: Harvard University Press, 2002. Stern, D. N. *The interpersonal world of the infant.* New York: Basic Books, 1985. Stern, D. N. *The motherhood constellation.* New York: Basic Books, 1995. Stern, D. N. *The present moment in psychotherapy and everyday life.* New York: Norton, 2004.

待人们去发现。他进一步假设，通过观察法，特别是录像观察法，可以发现这个外在真理。

在这本书中，斯特恩对自己的研究的哲学基础并没有进行详细论述。在另外一本著作《临床和观察精神分析研究》中，斯特恩给出了一些类似研究方法论的讨论。

在论证方面，斯特恩可以说是十分厉害的。他在书中给出了非常详细的论据，逻辑推理过程严密。在论据的选择方面，斯特恩既选择了自己的研究，也选择了其他研究者的研究。

不足之处在于，斯特恩没有系统地总结科学心理学和精神分析的既往成果，并对这些成果进行评价，然后说明自己为什么选用某些证据，为什么不选择另外一些证据。

当然，对于自己的研究心态，斯特恩没有多作说明，也就是没有运用受伤研究者模型。①从受伤研究者模型出发，如果我是母婴关系的研究者，我首先会反思：为什么我要把人类精神痛苦的根源归于家庭？为什么在家庭中，我偏偏选择了母婴关系作为观察点？我在自己的家庭中有什么没有处理的创伤事件吗？我妈妈当年是怎么决定要生下我的？在养育我的第一年，她的心态是怎样的？

这条反思之路幽深黑暗，一路走下去的心理治疗师，十有八九会得出结论：我和我病人的痛苦，来自父亲的缺席和母爱的丧失。这种原生家庭创伤说，在精神分析和精神病学的历史上几经沉浮，近年来又有回到主流的趋势。

---

① 见李孟潮的受伤研究者书评系列微课。另见罗曼尼申的文章 *The wounded researcher : research with soul in mind.*

斯特恩的研究也部分地支持了这种假说：母亲功能的不足，可能造成婴儿的各种心理病变，从而影响其成年后的心理功能。正是在这种假设的基础上，精神分析母婴治疗大热，也就是对才出生数月的婴儿和其母亲进行干预，以期能够解决这个家庭中存在的精神疾病隐患。

当然也有人对原生家庭创伤说不以为然，认为它最终发展为"父母皆祸害"的偏激论点。因此我要指出，行为遗传学、发展心理学的研究表明，成人的气质并不受到外在环境的影响。这个观点的确部分成立。人格的某些成分是不太容易受到外在环境影响的。当然也有很多研究支持原生家庭创伤说。①

其实这个论题的结论已很清楚：人格发展受到基因遗传、家庭养育、社会文化、病毒感染等多种因素的共同作用，至于在什么情况下哪个因素占主导作用，我们现在是没有固定答案的。例如，也许对美国加州的白人中产家庭来说，基因遗传的作用占到了30%，家庭教养的作用占到了50%。但是具体到某个家庭，比如美国洛杉矶一个叫托尼的人的家庭，我们不太清楚。也许他们家出现了多个精神异常者，是因为家庭文化遗传，是因为基因。要解决这个问题，我们需要全球的样本。但是我们这一切研究都是建立在欧美现代医学的实证主义的认识论基础上的。

如果我们采纳福柯的观点，那么我们甚至有必要怀疑精神病学、临床心理学的整个话语建构基础。比如说，同性恋就曾经被这个行业确定无疑地认为是病态，并且被认为是童年教养不当导致

① 见格哈特著《母爱的力量：母爱如何塑造和促进婴儿的大脑发育》。

的。因此，关于童年教养是否是成年痛苦的主要来源，我们可以得出的确定无疑的答案是——我们不知道，我们不确定！

那么，为什么几乎所有心理咨询从业者都比较支持原生家庭创伤说，而大部分精神科医生不支持这一学说呢？这是因为他们接触的群体不同。临床对象有边缘型人格、精神病性人格、神经症性人格三类。精神科医生遇到的大部分是精神病性人格的病人。这类病人会说自己的父母如何虐待他、父母是外星人等。但他们童年受虐待的证据并不充分。因此，医生会倾向于认为这是幻觉妄想，原生家庭在致病因素中只是次要因素。对于神经质人格的病人和边缘型人格的病人，咨询师只要问"你从什么时候开始有这种完美主义倾向的"，他们十有八九会说，"那得从我6岁那年开始说起，我爸……我妈……所以我就变成了现在这个样子"。

有些来访者还会声泪俱下，眼前浮现出一个受伤婴儿的样子，在眼巴巴地等待母亲到来，或者坐在家门前，等待父亲回归。治疗师一边沉浸在对来访者的同情、怜悯中，一边不由得想起自己的妈妈或者爸爸忽略自己的场景。治疗师在准备经过三阶段九步骤，将投射性认同转化为共情的过程中，可能会突然又听到来访者说："所以啊，老师，你说我怎么可能在和我丈夫的关系中有安全感呢？我怎么能够不害怕公司开除我呢？"

此时，同样泪眼婆娑的你，难免会赞同——原生家庭就是此来访者悲剧命运的根源，主要根源，乃至唯一根源。如果你自己没有化解对父母的怨恨和愤怒，那么你就会试图和每个小孩共鸣，找到一个和你一样怀有怨愤的小孩。如果你没有系统地学习过社会文化致病说的理论，那么你就会像看不到太阳的蚯蚓认为泥土就是生命中的一切那样，认为不良的原生家庭就是来访者生病的根源。

一个人如果系统地学习过精神分析和科学心理学并阅读过本书，他虽然会部分赞同原生家庭创伤说，赞同一个无私奉献的母亲对于婴儿的重大作用，但是他同时会赞同斯特恩的理论的其他部分。比如说，斯特恩在其理论中提到进化心理学的原理：母亲天生就会忽视、虐待畸形丑陋的婴儿。也就是说，母亲忽略自己不喜欢的婴儿，任其自生自灭，其实是一种自然选择。但是这种本能被文明社会压抑、升华了。知道了这一点，我们就会在因母亲虐待儿童而感到义愤填膺、气急败坏时，多一丝冷静。

同样按照斯特恩的理论，咨询师听到的"受伤小孩"只是"临床小孩"，是一种叙述建构。来访者说他6岁时候如何如何，这只是我们在个案工作中听到的"原发叙事创伤点"。

任何有长期心理咨询工作经验的人都知道，"我爸我妈害了我"这种控诉在之后的咨询中会发生转变。对神经症性人格的病人来说，在第20次到50次咨询之间就会发生转变。他们会说："哎呀，其实我妈还是有很多关爱我的片段的。我以前那么说她，好像和事实有些偏差。"有的人甚至会觉得："这也是心理咨询引起的，我花这么多钱来这里，难道是来报告我生活得多幸福不成？当然是要说平常不能说的话，当然是主要说我爸妈的不好了。"

那是不是说，如果有个发展心理学家坐时空飞船，回到我们来访者的童年，根据毕生发展心理学的研究，每周观察这个家庭3小时，连续10年，那么这个发展心理学家观察到的婴儿就是"真实婴儿"？其实，他观察到的也只是"理论婴儿"，斯特恩明确地提出，"理论婴儿"是不存在的。

亚历山大·哈里森当年和斯特恩一起在波士顿变化过程研究小组工作。她在给我们上课时，也提到理论婴儿和理论本身都是建构出来的。她举例说，即便小组讨论同样的母婴互动片段，组内成员也有不一样的看法。有些人总是看到母亲嫌弃孩子，有些人总是看到一个淘气、让人愤怒的孩子。

所以说到底还是心外无法，心外无婴儿，心外无原生家庭。这个古老的佛学理论，在今天被称作"记忆的不确定性和可塑性"，有本书叫《当心，你的记忆会犯罪！》，说的就是这个问题。

当然，把心理治疗的基础建立在佛学空性的梦幻泡影之上，未免太让人恐惧了。此外，在心理治疗中，极少有人能做到让病人产生对心性的空性体悟。这对神经症患者来说是痛告的体验。如果我们让边缘型人格的病人体验这种幻灭感，恐怕会引发他们彻底的精神崩溃。

正如佛学通过慈悲来平息空性造成的巨大创痛，心理治疗界也逐渐意识到，治疗艺术的关键在于保持慈悲与智慧两者的平衡。①

弗洛伊德那个时代的人们坚信智慧让人解脱，所以他们将眼光投向父亲和孩子的关系。而，在我们这个时代，相信慈悲能让人解脱的人越来越多，故我们将眼光投向了慈悲的起源——母亲那温柔的凝视。

李孟潮

精神科医生

个人执业

---

① 见《心理治疗中的智慧与慈悲——在临床实践中深化正念》。

目录

第七章
从互动到关系

第八章
舞蹈失误

第九章
走自己的路

前言

本书出版后，我就没有再读过它。当我再次阅读时，我惊奇地发现，引导我随后数十年工作的观点，几乎都能在书中找到。起初，我不知道是忧还是喜。然而仔细思考以后，我受到了鼓舞，意识到从一开始我就有一些基本观点，正是这些观点指引了我二十五年的观察和研究。

有三个观点非常重要（现在仍非常重要）。第一，我们需要观察在自然互动中的婴儿和母亲，只有这样才能最大限度地看到婴儿和母亲的能力。婴儿是天生的社会人，所以只有在社会环境中，他们的能力才会显示出来。只有真实的、可爱的婴儿才能诱发真正的母性行为。在实验情境下，这些行为不会出现，实验情境只捕捉到了太少的生活片段，缺乏充分理解的背景。在实验前，我们需要描述性的观察。

第二，我们需要新的方法来进行这些观察。这些方法经过调整，能适应母婴互动营造的瞬间的、无声的世界。

第三，从临床和常识的角度讲，在对母婴互动进行有意义的观察时，我们应该有一个指导思想，即"相互调节"。母亲与婴儿的行为在很大程度上可以解释为相互努力调节婴儿的瞬时状态，比如饥饿、觉醒、欢乐、兴奋等（依特定的情景而定）。

本书已对这些观点中的一些做了充分的讲述，虽然我后来对它们有了更充分的探索。这本小册子使我们能够看到原有设计的展开。我将在这个前言里回顾完成这个设计的过程。

作为本书基础的观察开始于20世纪60年代后期。那时，只有少数人在观察母婴互动，特别是详细观察自然发生的互动。价格合理、重量适度的手提式摄像机的出现使得近距离的观察成为可能。电视成了观察瞬时行为的新型显微镜。你可以根据需要慢慢地看，定格画面，反复地看。一个迷人的世界出现了。一个小小的世界，却为其他许多事情奠定了基础。

当你有极好的机会成为看到一个崭新领域的第一人时，那许多令人惊讶的特征具有强烈的冲击力，足以使你重新评价你先前的概念。你迅速掌握新的观点，理解新的事实，比如在动物行为学中观察到的那些非言语行为——头向前伸、向上倾斜、迅速地转向旁边——需要成为观察人类社会行为的起点。这些年来，最初的一些观点和想法使我超越了许多人，包括（虽然这不是一个详尽的列表）罗杰·贝克曼、比阿特丽斯·毕比、贝瑞·布拉泽尔顿、朱迪·达姆、艾伦·富格尔、凯瑟琳·加维、迈克尔·刘易斯、科尔温·特里瓦申、爱德华·特洛尼克和彼得·维耶泽。

出人意料的是，最早对这些观察感兴趣的人是编舞者和舞蹈家，他们甚至先于一些心理学家。这些艺术家被这些观察技巧迷住了，比如定格画面、动作回放、快进、慢进。所有的舞蹈艺术手法随后都得到了深入的探索。从某种意义上讲，我最初的合作者就是这些编舞者和舞蹈家。他们每月来一次哥伦比亚郊区，我们一起观看母亲和婴儿的互动舞蹈。随后，我会去市区观看运用于他们工作中的这些相同的观察技巧。我观看的母婴互动，似乎就是大自然精心设计的舞蹈（事实上，本书的暂定名原本是"我们之间的舞蹈"）。

观察微小之处

这种新方法使我认识到，那些重要的行为发生在以秒计、以分秒计的短暂时间里。如果母亲和婴儿的互动发生在这种微小的层次，那么我们就需要用微技能分析。在这个标准下，我们就有必要重新考虑话语单元。作为精神病学家，我学会了识别行为（临床）"单元"，比如"介入""敏感""排斥"。这些单元对我和同事正在进行的工作来说太大、太完整、太模糊。新的行为单元变成了凝视、转头、身体姿势、面部表情、觉醒方面的细微变化，等等。现在，我们来分解"介入"单元，看看它是由什么微小行为构成的。我们甚至还可以再划分介入的类型。同样重要的是，新的、更小的行为层次允许我们，甚至是迫使我们，从婴儿的观点来看待事件（比如"介入"）：婴儿能察觉到头部的转动、觉醒中的变化和面部表情，就像母亲和我们能察觉到的一样。此外，像"介入"这样的结构只对成年人有意义。

这种视角，是人类行为科学和心理学与微观分析技术的结合，促使很多研究者去探究本书首次确认的许多特征。例如，有研究者对母婴发音模式进行了研究。[1]我们发现，母亲使用

① Stern, D. N., Spieker, S., & Mackain, K. "Intonation Contours as Signals in Maternal Speech to Prelinguistic Infants," *Developmental Psychology*, 1982, 18, 727-735.

Mackain, K., Studdert-Kennedy, M., Spieker, S., et al. "Infant Intermodal Speech Perception Is a Left Hemisphere Function," *Science*, 1983, 219, 1347-49.

Stern, D. N., Spieker, S., Barnett, R., et al. "The Prosody of Maternal Speech: Infant Age and Context Related Changes," *Journal of Child Language*, 1983, 10, 1-15.

了不同的、系统的、有旋律的话语来表达不同的信息，比如问题、指令、"小心点儿""可以的"。对婴儿来说，他们先听到音乐，后听到歌词。

另一些课题是探索行为束的分组和顺序。毕竟，对一个完全没有经验的观察者来说，他人的行为就像一门陌生的外语。从什么地方把它划分成单元？怎样把它组成"块"？本书讨论的真实时间的重要性和婴儿的时间选择能力成了进一步研究的课题。①这些研究表明，父母倾向于把他们的行为和言语分成短语，这些短语在大多数情况下围绕一个意图组成。类似的"格式化"使婴儿对语言的解析和组块容易得多，并使他们的父母更能理解他们。父母不仅出于本能帮助婴儿分析社会行为，而且按照他人的意图帮助婴儿解读这些行为。婴儿向主体间性迈进了一步。

这些变化促使我们重新考虑母婴互动的基本单元。在我写本书时，大家都清楚，独立的行为（比如母亲惊讶的表情）

---

① Stern, D. N., Beebe, J., Jaffe, J., et al. "The Infants' Stimulus 'World' during Social Interaction: A Study of the Structure, Timing and Effects of Caregiver Behaviors," in Schaffer, R. ed., *Interactions in Infancy*, New York: Academic Press, 1977.

Jaffe, J., Anderson, S. W., & Stern, D. N. "Conversational Rhythms," in Aronson, D. and Rieber, R. Q. eds., *Psycholinguistics Research: Implications and Applications*, Hillsdale, N. J.: Erlbaum, 1978.

可能是互动的功能性单元，但如果它们发生在比较大的行为分组里，它们的意义似乎取决于它们所在的行为序列及其他前后关系。

例如，在"躲猫猫"游戏中，母亲惊讶的表情并不只出现一次，而是会重复出现，其中每次出现的时机和惊讶的程度都略有不同。这个行为序列的建立，始于每一对母婴具有模式化特征的互动行为，持续到具有同样特征的终点。终点可以维持，分享欢乐。婴儿可能会受到过度刺激，以致停止游戏。在婴儿的欢乐和兴奋没有达到顶点时，游戏可能会戛然而止。这些"行为包"，或称"游戏插曲""主题与变奏曲"，引起了我们的注意，因为它们是婴儿可以从中学会怎样与母亲相处的题材。这些"行为包"构成了婴儿构建关于看护者的表征世界的经验。接下来会发生什么？通常会发生什么？什么是正常的？

婴儿关于"客体"——人——的内在世界由互动经历的重复序列组成。我认为，内在的表征世界有现实生活经验的坚实基础。这种看法与传统精神分析的观点不一致，后者认为大多数内在的客体世界是由想象建构的。

当我沿着这些路径①继续往前时，本书还领我走上了另一条路。因为微观分析使得我们可以了解婴儿能够看到、听到什么，我对我关于婴儿如何建构自己的经验世界的假设更加确信。我的工作重心从发展对母婴互动的客观描述，转向推断婴儿如何将这些互动事件构建成心理图式或表象。

婴儿的内在世界的本质是什么？它是怎样构建的？是由什么经验单元构建的？回答这些问题的欲望，促使我开始本书的写作。现在已经完成了几个步骤。

《婴儿的人际世界》（1985）一书基于这样的假设：婴儿与看护人的重复互动序列的相同基本单元，在本书中被概括为"概括化的互动表象"（RIGS）。我的解释是，这些表象组成了婴儿的内在世界。

十年以后，在《母亲荟萃》（1995）一书中，我使用了"相处图式"（schemas-of-being-with）的新表述来说明同样的内化单元。我希望用"相处图式"这个术语来概括母婴之间所

---

① Beebe, C., & Stern, D. N. "Engagement–Disengagement and Early Object Experiences," in Freedman, N. and Grand, S. eds., *Communicative Structures and Psychic Structures*, New York: Plenum, 1977.

Stern, D. N. *The Interpersonal World of the Infant: A View from Psychoanalysis and Developmental Psychology*, New York: Basic Books, 1985.

Stern, D. N. "The Representation of Relational Patterns: Some Developmental Considerations," in Sameroff, A. and Emde, R. eds., *Relationship Disturbances in Early Childhood*, New York: Basic Books, 1980, 52–69.

有的互动方式：喂奶如何进行，母亲和婴儿如何在一起做令人兴奋的游戏，母亲如何使婴儿安静下来，哄婴儿睡觉是如何变得仪式化的，禁忌是如何被处理的，等等。我想探讨所有行为序列，它们有规律地出现，可以被内化为用于评价当前经验的模式。①

沿着这一路径走下去，下一步是注意这些经历中小插曲的质量。它们有开始、有发展过程、有结尾，还有一条戏剧性的冲突。它们是微小的叙事。"原叙事包"代表了下一个内化互动单元的前身。②这个单元完全是主观的，具有动态性，呈多模态，像叙事一样与客观行为"现实"有关。

这条路径随后将我们从本书所描述的人际处理单元和特有的互动序列引向了"概括化互动表象""相处图式"和"原叙事包"。也许还会有另一种发展，另一种转折。回头看时，我发现所有的基本要素都已存在于本书所讲的最初的想法之中。从不同的角度——临床研究、元心理学研究、实证研究、父母

---

① Stern, D. N. *The Motherhood Constellation: A Unified View of Parent-Infant Psychotherapy*, New York: Basic Books, 1995.

② Stern, D. N. "One Way to Build a Clinically Relevant Baby," *Infant Mental Health Journal*, 1994, 15, no.1, 9–25.

Stern, D. N. "Vitality Contours: The Temporal Contour of Feelings as a Basic Unit for Constructing the Infant's Social Experience," in Rochat, P. ed., *Early Social Cognition*, Hillsdale, N. J.: Erlbaum, 1999, 67–80.

导向的研究——阐释这些基本观点，需要不同的侧重带来的不同变化。

我在《婴儿日记》里所写的内容就好像婴儿能够描述他自己的经历一样。这本书是一种新的、有趣的探索婴儿内在世界的尝试。当然，我完全认识到，即使本书所述有实验观察作基础，像我那样天马行空地描述婴儿的经历也是有问题的。但这本书的写作本身还是产生了两个好的结果。首先，父母们发现本书有启迪作用。其次，写作本书的过程使我进一步探索了主观经历的本质。①

我继续沿着这条路径向前走。我对主观经历的好奇心延续到了我现在所写的一本书里，书名是《当下：关于心理疗法和日常生活中的主观经历的看法》。它试图回答我在《母婴关系：人生第一步》这本书中提出的一些问题。如果局限于现在，我们怎能想象婴儿的经历？这不可能。如果不可能，用什么方式去想象过去？当下的心理现实中发生了什么？持续多久？时间是否足够长，以便让某些事情在此期间发生？毕竟，物理学意义上的时间是一个不断运动的点。当它运动时，现在的瞬间"吃掉"未来，留下过去。但很明显，这有点自相矛

① Stern, D. N. *Diary of a Baby*, New York: Basic Books, 1990.

盾：现在本身就如此短暂，不会有什么持续期，所以事情怎么能发生在现在？我们怎能想象一个主观的现在能延续到足以使"一粒沙子容得下一个世界"？怎样将这样的经历时刻串联起来，产生更大的意义？本书推开了这道"思考之门"，《婴儿日记》又进一步将这道门打开至一半，现在，我正用力将其完全推开。

一个规范的前瞻性方法

在我开始研究时，发展心理学在很大程度上还只是正常的尝试，而临床心理学还未涉及婴儿期。主流的理论极大地受到精神分析学家——如弗洛伊德、克莱茵、马勒、埃里克森——的影响。他们根据精神病理学描述心理发展的阶段，提出了描述人生最初几年的临床发展概念，比如"正常自闭症""正常共生""抑郁或偏执态"，等等。

然而，在本书描述的新框架和时间范围内，这些病理性的、回顾性的概念不仅没有实验根据，而且是错误的。我和我的同事在微观层面上根本没有看到这些东西。例如，根据前人的理论，一个婴儿在原初自恋阶段，应该在很大程度上对外部世界不感兴趣，很少被其他人吸引，与其他人的关系不是很紧密。然而当我们观察真实的婴儿时，事实恰恰相反。婴儿会寻求外部刺激，并对某些刺激有明显的偏好。他们专心致志，尤其是当外部刺激来自人（而非物）的时候。他们热切地希望与看护人有互动。

这一认识为我们开辟了另一条研究路径。怎样解释精神病理学的各种表现形式？很明显，精神病理学的"正常"表现形式不是儿童或成人能够通过退行回归的正常发展阶段。那么，精神病理学的发展又如何解释我们在微观层面看到的发展呢？在本书中，我通过检查在微观层面母婴相互调节的特殊模式回答了这个问题。这种检查扩展了调节某些基本状态——觉醒、睡眠、饥饿、活动、快乐等——失败的类型，如过度刺激、刺激不足和矛盾刺激。我们观察到，有些母亲和婴儿在调节所有基本状态时都采用了过度刺激模式，另一些则只有在调节一种状态（如睡眠）时才会采用过度刺激模式。

我们也认识到尽善尽美的调节既不可能，也不可取。重要的是在母婴关系中发展出的修正调节失误的模式。修正调节失误的方法教了婴儿重要的应对机制。

随着特殊调节模式以及修复各种调节失败的机制的出现，有关病理性发展的解释有了概念性的转变。我们可以在互动的微观层面预见这些潜在的病理模式，从而提出某些预防、治疗策略。例如，如果母亲和婴儿的游戏一开始很好，但总是结束于婴儿的哭闹，母亲也因此感到生气和不适，那么我们就应该检查什么地方出错了。也许，母亲对婴儿即将到来的过度刺激信号不敏感，令婴儿难以容忍，他便只好哭了起来。（这种情况绝不会发生在她年长的女儿身上，她对刺激有更高的耐受性。）这些观察还给研究母亲为什么（包括精神动力学方面的问题）会产生这种不敏感性，或者她应该如何最好地处理与婴儿在兴奋程度上的错位留出了余地。

识别调节模式的意识促使研究者提出了很多有关母婴关系问题的治疗或预防措施。心理治疗者在运用这些措施后取得了显著的成功，故这些措施得到了广泛运用。我在《母亲荟萃》一书中对这些措施进行了详细的描述。像其他出版物一样，该书继承和发扬了始于本书的思路。[1]有趣的是，同时期的依恋研究也在验证同样的假设，虽然这些研究把重点放在调节依恋和

---

[1] Zeanah, C. H., Anders, T. F., Seifer, R., et al. "Implications of Research on Infant Development for Psychodynamic Theory and Practice," in Psychodynamics: Infant Development Research, *Journal of the American Academy of Child and Adolescent Psychiatry*, 1989, 2, no.5, 657-668.

Stern-Bruschweiler, N., & Stern, D. N. "A Model for Conceptualizing the Role of the Mother's Representational World in Various Mother-Infant Therapies," *Infant Mental Health Journal*, 1989, 10, no.3, 142-156.

Stern, D. N., Bruschweiler-Stern, N. *The Birth of a Mother*, New York: Basic Books, 1998.

探索行为的特别状态的模式上。有关早期依恋模式的系统观察对日后心理发展的高预测力现在已被广泛证实。

基于互动事实的理论观点促进了定义自我意识的不同发展阶段的新方法的出现。我认为，自我意识有赖于婴儿的微观互动能力，包括婴儿与自己的身体、行为、感情、思想的互动，以及与他人的互动。随着新能力的出现，感知自我的新途径也会出现。对新能力的认识，最终要视对行为的微观观察而定。对旧方法的新运用让我们产生了一些更具经验基础的自身进化观点。例如，婴儿早在人生第一年结束前就已经有了一个区别于母亲的核心自我意识。相反，传统的精神分析理论认为婴儿在1岁结束前尚未将自己和母亲区别开。[1]本书对类似的观点都有所阐述。

本书阐述的微观层面的规范方法，让我们产生了关于母亲的看护技能的不同观点。对绝大多数母亲来说，这些技能实际上是凭直觉产生的，会受到母亲的文化背景的影响。换句话说，本书指出，在大多数情况下，母亲的看护技能不需要教，事实上也不能教，却是可以被抑制的。可以说，潜在的母性行为有可能被"发现"，在适当的支持环境下会得到使用。然

---

① Stern, D. N. *The Interpersonal World of the Infant: A View from Psychoanalysis and Developmental Psychology*, New York: Basic Books, 1985.

而，少数母亲似乎没有这基本的直觉技能，需要被教导怎样做母亲。这些观点后来成为我在《母亲荟萃》（1995）和《一个母亲的诞生》（1998）中阐述的核心要点。在这两本书里，与母亲的心理治疗关系在重建这种直觉技能方面被看作主要的治疗要素。

内隐认知

关于母婴关系的隐性知识和显性知识是本书的另一个重要主题。研究微观层面的互动使我们知道，婴儿在能够说话以前就用图式来解释互动模式。在能够用语言和符号表征事件之前，婴儿是以某种方式在非语言寄存器中编码早期互动知识的。此外，母亲的大多数行为似乎是天生的、隐性的，并不遵循某些容易用语言描述的规则。因此，深入研究非语言知识这个领域是很重要的。

心理学长期以来就有关于过程与感觉运动知识的各种分类。然而，婴儿对于关系模式的知识大大超越了传统的过程知识与感觉运动知识的分类，包括了情感和预期认知两个方面。此外，这种知识存在于意识之中，却无法用语言表征，我们称之为隐性知识，或内隐认知。大多数婴儿拥有的大量社会知识，包括与他人相处的特征模式，都属于这一范围。

关于成人心理治疗方面的研究远未涉及婴儿的内隐认知。然而，许多流派的心理咨询师已经开始相信，心理治疗中的许多变化源于心理咨询师和病人之间共享的隐性知识，而不是源于解释——会使无意识的动机和信念意识化——中的显性知识。

这些思考让我和波士顿的一些发展心理学家以及治疗师（波士顿变化过程研究小组的成员）去探索内隐认知在成人和儿童心理治疗中的作用。①简而言之，我们发现扩展关于病人和治疗师之间的治疗关系的隐性知识，会有效地促进治疗的效果。此外，这种关于如何相处以及病人和治疗师的关系性质的隐性认知，并不需要意识化才会产生治疗效果。从对婴儿的相关研究来看，关系中的治疗性改善与相处图式的改善共同促进了婴儿的发展。

---

① Stern, D. N., Sander, L. W., Nahum, J. P., et al. "Noninterpretive Mechanisms in Psychoanalytic Therapy: The 'Something More' than Interpretation," *International Journal of Psychoanalysis*, 1998, 79, 903−921.

Tronick, E. Z. "Special Issue: A Developmental Perspective on Psychotherapeutic Change," *Infant Mental Health Journal*, 1998, 19.

Boston Change Process Study Group, Report Ⅲ, "Explicating the Implicit: The Local Level and the Micro−Process of Interaction in the Analytic Situation," *The International journal of psycho-analysis*, 2002, 83 (5): 1051.

时间动态

行为、思想、感觉、行动都有一种音乐特征。每个行为短语、情感短语甚至认知短语——最短的有意义组块——都有一条时间轮廓线。行为不是孤立的事件。它们展开，与此同时记述时间的分布。"时间形状"包含了消失、加速、爆发、强进、踌躇、试探、大胆等形式。心理学在极大程度上忽略了时间动态。

在我对微观层面的母婴互动进行如此多的观察之后，来自音乐和舞蹈的隐喻不仅"钻"进了我的写作，而且还成了我思考所见之物的方法。从某种意义上讲，我对时间动态的普遍存在和重要性的认识就始于此书。

但直到后来，我才认真对待这种想法，①对"活力情感"进行了描述。这些是伴随所有经历的有时间轮廓线的感觉。他

---

① Stern, D. N., Hofer, L., Haft, W., et al. "Affect Attunement: The Sharing of Feeling States between Mother and Infant by Means of Intermodal Fluency," in Field, T. and Fox, N. eds., *Social Perception in Infants*, Norwood, N.J.: Ablex, 1984.

Stern, D. N. *The Interpersonal World of the Infant: A View from Psychoanalysis and Developmental Psychology*, New York: Basic Books, 1985.

Stern, D. N. "Vitality Contours: The Temporal Contour of Feelings as a Basic Unit for Constructing the Infant's Social Experience," in Rochat, P. ed., *Early Social Cognition*, Hillsdale, N. J.: Erlbaum, 1999.

人的行为（比如对你微笑）会促使你的行为的质量和强度出现细微变化，在你心中唤起感情的细微变化。这些变化沿着一条时间线展开。这种微笑可能会出现在别人脸上，使你感到惊异和愉快，突然振奋。它可能慢慢地形成，使你越来越警惕。它也可能自然地形成，但随后迅速消失，引起一种负面色彩的好奇感。

当我们观察他人的行为时，这些具有时间轮廓线的感觉就被唤起了，它们也伴随着我们自己的行为。它们提供了一个超越行为本身的交流感情的方法——微笑。人类有上千种微笑，每一种的意义都有细微的差别。在《婴儿的人际世界》一书中，"活力情感"主要被描写为执行"情感协调"的功能。例如，婴儿在一阵兴奋中发出"AaaaaAAAAAaaah"声，先变强，再变弱。母亲可以和着婴儿的音调，不完全模仿他，发出"YeeeeEEEEEeeah"声。通过这样做，母亲使婴儿知道她分享了他的经历，特别是情感经历。她扩大了他们共同分享的互为主体的领域。这种经历是"我们"的经历，而不仅是"我"的经历。这种行为的临床意义是显而易见的。

我开始认识到，我最初在本书中使用的对于时间动态的隐喻不仅是隐喻。我在1985年描述的活力情感的适用范围远远超越母婴的主体间性。活力情感不限主体经历、年龄、领域和模态。我多年前与编舞者和舞蹈家一起进行的工作，现在在观察中得到了回应。我们的主体经历与音乐，而不是与数字代码有更多共同之处。什么是真实的，它意味着什么，这是我目前在工作中探索的东西。本书中的观点"经历了一段漫长的旅程"。

本书不能像在25年前那样，被简单地视为母婴互动研究状况的陈述。首先，大多数观察和结论经受了充分的检验。其次，它是对我最初看到的母婴互动现象的简要记录。本书现在仍有价值的地方在于：初步的认识抓住了基本特征，这些特征在情况被完全熟悉并被详细描述后就不太明显了。"第一关系"的基本特征让我们知道自己能去哪儿，未来能发现什么。我们依然在走向那个未来。

第一章

初学人间之事

我们在住所、实验室、操场、公园、地铁等各种场所观察过看护者与婴儿之间的社会互动。本书的目的是弄明白在最初6个月的短暂时间里，婴儿是如何成长为一个社会人的。在最初的阶段，婴儿逐渐学会了如何吸引母亲与他游戏，与他互动。①他将成为维持和调节这种社会交流的专家。他将学会用于终止或回避人际交往的信号，或者暂时将其置于"等待模式"。一般来说，他将掌握大多数基本信号和规律，以便执行这些"动作"，并且他能够与母亲保持一致，做出模式化的系列动作，产生了被我们看作社会互动的"舞蹈"。这种生物学意义上的舞蹈将作为他以后人际交往的雏形。

　　我在本书中阐述的便是我所了解的关于早期社会互动的知识，即看护者和婴儿的行为的形成、结构、目的以及发展性功能。这不是一本教你如何去做的操作手册，而是一本知识性的图书。

---

　　① 我将用男性代词"他"称呼所有的婴儿，用女性代词"她"称呼所有的看护者。我希望这种方式带来的阅读之利将超过它的不足。

我进行这项研究的指导思想很简单，即看护者和婴儿对他们之间的社会互动远比我"懂"得多，无论他们是否意识到这一点。他们像通常会做的那样行动和互动，他们就是我的老师。母亲同婴儿都参与了一个自然的过程，这个过程展示出一种迷人的错综复杂性。由于上千年的进化，母婴双方已为此做好了充分的准备。由于他们"凭直觉知道"他们的交流怎样起作用，感觉怎样，我不得不找出怎样才能最好地从他们身上获得不一定要他们用语言讲述的东西。为了做到这一点，我和我的同事有时候仅仅只是观察者，用眼看、用耳听母婴之间的互动。这些互动一晃而过，并且仅出现一回。为了解决这个问题，我们有时在实验参与者的家里有规律地进行录像。然后我们回到实验室，多次反复地观看录像带。当我们觉得需要更精细的观察时，我们就在16毫米的胶片上一帧一帧地研究，花上数小时来研究发生在几秒钟里的事。有时我们录下了某些选定的行为，如凝视、发音，并把这些记录输入电脑，以帮助我们寻找其中的模式与关系。

首先，我要讲一讲我们关注并且从中学有所获的一类互动。这些互动是一般的人际交往行为，发生在一位主要的看护者和一个不足半岁的婴儿之间。这些互动几乎是纯社会性的，它们也经常出现在其他行为之中，发生在意想不到的时刻。然而，正如我试图表明的那样，这些人际交往的瞬间在形成经历方面很重要，婴儿从这些经历中学会了如何与他人相处。下面是一个说明这种现象的详例，它将作为以后的参考。

母亲正用奶瓶喂她3.5个月大的儿子，大约喂了一半。在喂奶的前半段，婴儿一直在吃奶，很认真，偶尔看一下他的母亲，有时长达10—15秒。另一些时候，他懒懒地凝视房间四周。母亲一直相当安静，过一会儿就看一眼她的孩子，间或长时间（20—30秒）地看着他，但并不与他交谈或交流面部表情。她看他时很少说话，但当她转过来看我时则时常讲话，并且面部表情生动。

直到此时，母亲只是在喂奶，婴儿只是在吃奶，二者之间并没有社会互动。接着有了变化。母亲在看我、与我交谈的同时把头转向婴儿，注视着他的脸。婴儿此时正注视着天花板，但他利用眼角的余光看到母亲的头转向了他，于是就转而回视母亲。这种情形以前也有过，但现在他打破了节奏，停止了吃奶。他松开奶头，停止了吮吸，露出了很微弱的笑容。当母亲看到他面部表情出现变化时，她突然停止了谈话，眉毛扬了起来，眼睛也睁大了。他的眼睛盯着她。一瞬间，他们就这样一动不动地互相凝视着。婴儿也不再去吃奶，母亲一直保持着些许期盼的表情。这宁静的、几乎定格的瞬间延续着，直到母亲突然打破沉寂，说"嗨"，同时把眼睛睁得更大了，把头朝婴儿扬了扬。几乎是同时，婴儿也睁大了眼睛，向上斜了斜头，微笑更明显了。母亲于是说："喂，乖乖！乖乖……乖……乖……"她的声音提高了，"乖乖"说得更频繁了，后面的每次重复也表达了强调的意思。母亲每说一句话，婴儿就表现得更加高兴，身体也做出了反应，就像我们每朝气球里吹一口气，气球就会更胀一点一样。接着母亲暂停了下来，面部表情也放松了。他们互相期盼地看了一会儿，共享的欢愉渐渐消退，但在还没有完全消退前，婴儿突然变得主动起来，想挽回这种欢愉。他的头突然向前倾斜，双手猛地向上举了一下，微笑变得更明显了。母亲也被调动了起来。她身体前倾，张开了嘴，眼里闪着喜悦的光芒，说："哦，哦，哦……你想玩，是吗？我不知道你是不是还饿……不饿……不……我不知道……"他们继续玩了下去。

在一些简单的交流之后，母亲和婴儿显得更加祥和、愉快，互动呈现出重复游戏的形式。游戏如此循环着进行下去。母亲向婴儿靠得更近了，俯身朝向婴儿，皱着眉头，但眼里闪现出愉悦的光芒，嘴噘成圆形，随时准备露出笑容。她说："这次我要让你笑起来。"她同时把自己的手放在婴儿的腹部，准备用手指"胳肢"婴儿的腹部，并向上"胳肢"他的脖子和腋窝，使其发痒，从而把他逗乐。当她俯身说话的时候，他微笑着，蠕动着，但总是望着她。即使在母亲给婴儿"挠痒痒"时，他们之间的相互凝视也没有中断。

当母亲触及婴儿的颈部并最后用力地胳肢了婴儿一下之后，母亲迅速地靠回椅子，她的脸舒展开来，目光徘徊，好像在为下一次的亲近做一个新的、更加不可抗拒的计划。婴儿一边入迷地看着，一边发出刚好能听见的"啊啊"声。这大概是因为母亲通过表情毫无保留地"诉说"了自己头脑中的计划。她的脸好像一幅透明的屏幕，将她脑海中变幻的图像一一展现出来。

最后，母亲又向前猛地俯下身子，也许是早了一点，比前几次都快。婴儿没完全准备好，一时还没有警惕，脸上表现出吃惊而不是愉快的神色，双眼圆睁，小嘴张开却不带笑容。他稍稍转了一下脸，但仍注视着母亲。当完成这个循环之后，母亲直起身来。她明白她不知何故失败了，说不上产生了什么适得其反的后果，她感到非常沮丧。欢愉没有了，她靠回到椅子上有好几秒钟，大声地对自己、也对婴儿说着话，没有做什么动作，只是在进行评价。她随后又开始了游戏。然而这一次她没用手指去"挠婴儿痒痒"，而是在行为上更加有规律，节奏更加明显。她比较平和地靠近婴儿，眉毛、眼睛、嘴巴都带着丰富的表情。她不带任何恐吓感，却有一种"我要让你笑起来"的自信。婴儿的注意力再一次被她吸引。他开始露出从容的微笑，嘴微微张开，脸向上抬，双眼微闭。

在随后四次游戏中，母亲的操作几乎相同，除了在每次连续的循环中通过改变表情、声音故作悬念。比如这样："我要让你笑起来""我……要让你笑起来""我……要让你……笑起来""我……要让……你……笑起来"。婴儿渐渐地变得更有兴趣，两人不断提升的兴奋感之中既有欢愉，也有危险。在第一轮游戏中，婴儿被母亲滑稽夸张的动作吸引住了。他满面笑容，眼睛从未离开过母亲的脸庞。在第二轮游戏中，当母亲靠近时，他把脸微微偏离开，但仍在微笑。在母亲的第三轮游戏开始时，婴儿仍未完全恢复到面对面的姿势，他把头稍稍转开了。当母亲靠近时，他的脸转得更远，但他仍看着她，只是笑容消失了。眉毛和嘴角在微笑和严肃表情的变化间来回变动。随着兴奋感的上涨，他似乎进入了爆发性喜悦和恐惧之间的小道。随着道路变窄，他终于中断了与母亲的对视，似乎要使自己镇静一下，渐渐降低自己的兴奋度。他在成功地做到这点之后，又转而注视母亲，露齿笑。在这种暗示下，她兴致勃勃地开始了第四轮游戏，也是最有悬念的一轮游戏，但是结果证明这一次对他来说太过分了，将他推到了狭窄小道的另一边。他立刻终止了凝视，转身，脸也转了过去，皱起眉头。母亲马上看到了这点，当时就停止了游戏，轻声地说："哦，宝贝儿，也许你还饿，啊，再吃点奶吧。"他回头凝视，面部表情也缓和了，又开始吃奶。这种社会互动的"片刻"就过去了，母亲和婴儿恢复到喂奶、吃奶的状况（整个"插曲"持续了大约4分钟）。

从对这些"片刻"的分析中我们得知，母婴间的纯社会互动——有时被称为"自由游戏"——在婴儿的学习和参与人间之事的最初阶段，属于具有决定意义的体验之列。在婴儿出生6个月后，这个阶段的工作就完成了。

婴儿发展出一套关于人脸、声音、触摸的图式。他能识别主要看护者的脸、声音、触摸和动作。他也习得了各种各样变化的图式，形成了对不同人类情感表达信号的理解。他还"获得"了人类行为的时间模式，以及速度和节奏的不同改变和变异的意义。他学会了在开始、维持、终止和回避同母亲的互动方面有着共同效果的社交线索和习俗，他学会了不同的对话模式，如轮流说话。现在，他产生了关于母亲的某些复合图像，以至于在这一阶段结束几个月后，我们可以说他已建立了客体恒常性，或者说无论母亲是否在场，他内心都有关于母亲的表象。

要理解这最初阶段的发展性任务是如何完成的，我将执行以下计划。首先，我将研究一般看护者为婴儿提供的作为婴儿对人类刺激世界的最初的、最重要的体验中的那些面部、声音和其他行为的全部技能。其次，我将研究婴儿在他所处的人类行为世界里如何利用他所拥有的行为和感知能力的全部技能去理解、去行动。然后，我将讨论一些实验结果和理论框架。这些都有助于我们理解母亲和婴儿各自的行为如何相互影响，互动实际上是怎样形成的，指向什么目标，完成什么样的发展性功能。最后，在一个更具临床意义的章节里，我将讨论一些可能失败的互动方式。

第二章

看护者的技能

婴儿对人类世界的最初了解，实际上只是母亲用面部、声音、身体和手做出的一切行为。她的行为为婴儿正在产生的经历提供了人类交流以及关系。母亲的这些行为就是来自外界的原始材料，婴儿用这些材料开始建构关于人类事情的知识和阅历：人的存在；人的脸、声音及其形式和变化；人类行为的单元和意义；自己的行为与他人的行为之间的关系。

　　在观察了大量母亲与婴儿之间的游戏后，我渐渐意识到我忽略了一个明显且重要的事实：母亲们在婴儿面前的行为与她们在其他成年人和年龄稍大一点的孩子面前的行为大不相同。这个事实如此普通，被认为是理所当然之事，并不被看作具有科研意义的现象。看护人当着婴儿的面不仅会做出不同之事，而且会以不同的方式来做这些事。"儿语"就是最明显的例子，得到了最好的研究，尽管我们才刚刚开始明白它的复杂性。然而，儿语只是众多事例中的一个。母亲面对婴儿表现出的社会行为的所有形式对婴儿来说都是相对特殊的。她的面部表情、说话的方式（说的话以及说话的声音）、头和身体的动作、用手和手指所做的一切、与婴儿的关系以及行为的节奏等，在婴儿面前都变得不一样了。

与大多数恰当的成人对成人的社会行为相比，母亲对婴儿的行为是不寻常的，事实上很不正常。如果这些行为的对象不是婴儿，而是其他人（也许除了恋人和小动物），那么将会十分古怪。然而，这些行为是人类行为中的正常行为的一部分，隶属于养育行为这个分支。我将这种行为集合称为"婴儿诱发式社会行为"。

随着这些显而易见的行为不再被视为理所当然，许多问题出现了：这种特殊行为的特征是什么？究竟是婴儿的什么地方诱发了这些特别的行为？除了母亲，谁还能够做出这些行为？对于婴儿的生存和发展，这些行为起什么作用？这些行为只有人类婴儿才能诱发吗？它们之间是否存在文化差异？

对婴儿诱发式社会行为的描述

我的目的并不是要通过描述这些行为以使看护人能做出这些行为，或者将其做得"更好"。看护人是自然而然地去做这些行为的，几乎毫无意识。事实上，如果你让母亲去注意她正在做的事，她会说："是的，当然，那又怎样？"我也不打算让看护人去注意她所做的每个细微动作和所说的每一句话。每个看护人都养成了适合自己和婴儿的行为风格。我相信没有什么可以妨碍那种自然的交流。

描述这些行为有两个令人信服的目的。第一，说明母亲做出的大多数"异常"行为都是必要的，是正常的父母行为的一部分；第二，描述这些行为的特征，可以使我们从婴儿的角度来想象它们看起来像什么，听起来像什么，以及感觉起来像什么。

面部表情

看护人对婴儿做出的面部表情，在时间和空间位置方面都有些夸张。两个普通的例子——惊喜表情和皱眉头，足以说明这一点。当母亲想吸引婴儿的注意力，并且他又转过头来看她时，她很可能做出惊喜的表情。她双眼圆睁，眉毛上扬，嘴也张得大大的，头高昂微微前倾。同时，她通常会发出类似"呜"或"啊"的声音。这显然是老套的表情，却有无数的细微变化：嘴可以带微笑，或张大成圆形，缩拢或不缩拢，甚至闭上；头可以移向婴儿而不是高昂向后，或者偏向一边。当然，整个表情可以有所变化，从稍稍地移动面部，到充分的面部展示，每个器官进行最大的移位，也就是说，眼睛尽可能地睁大，眉毛尽可能地上扬，等等。

到目前为止，我们只考察了在空间位置和表现程度上的夸张。还有一种在时间上的夸张，即延长表现动作。同成年人面对成年人做出的社交表情相比，成年人面对婴儿做出的面部表情一般来说形成慢，持续时间长。惊喜表情的充分展示就是一个很好的例子。一般说来，这种表情变化慢，几乎像是母亲在做一个慢动作，慢慢地达到了充分表现的程度，然后将那种姿势维持很长时间。有时候，母亲们会以夸张的方式加快她们的行为。还有一些时候，她们肆意改变某个行为的速度，突然且快速地做出某个行为。

第二个例子是皱眉头的表情。主要特征是逐渐地皱起眉头，降低眉毛，眯起眼睛，头偏向一边，微微向下，嘴形成一个小圆形或噘起，鼻子两翼绷紧。常常发出"啊……呜……"的声音，音调逐渐下降，结尾时音量渐弱。充分表现时，这种表情看起来有点像作呕。同惊喜表情一样，这种夸张的表情常常看起来就像一个滑稽的模仿或者拙劣的表演。微笑、板着脸、噘嘴以及它们的许多变体都符合同样的表现方式。

在婴儿诱发的面部表情中，其他三种面部表情也很重要。首先是微笑，这不用多作描述。第二种是表示关心和同情的表情，在做这个表情时，母亲通常会说"哦，可怜的宝贝"。要做出这个表情，母亲通常需要将惊喜表情与皱眉头表情结合起来，因为眉毛要稍稍皱起，但眼睛要睁大，嘴巴通常张开，头倾斜或与婴儿的头成一平面，对着婴儿的头。第三种"表情"是毫无表情，在婴儿诱发的情境下不够独特，但相当重要。五种表情中的每一种都很普遍，在游戏互动中无处不在，频繁被运用。这里把它们挑选出来，是因为它们在调节看护人和婴儿早期互动的过程中有特别的信号价值。

在发展过程中的这一阶段，母亲在与婴儿的互动中，很少需要或使用她能运用的全部表情方式去调节最普通的互动形式，表明互动中的重要节点。实现这一目的的主要信号包括开始、维持、调节、终止和回避社会互动。

（1）发出邀请对方进行互动的信号。惊喜表情具有这种功能。它看起来像一种对定向或惊奇反应的滑稽模仿，这与埃布尔-埃布斯菲尔德、肯登和费伯描述的一般面部问候行为有许多共同之处。[1]在某些游戏互动中，它是最常见的表情。每10—15秒它就会出现，几乎在每次婴儿重新注视母亲的时候。每次母

---

①　Eibl-Eibesfeldt, I. *Ethology: the Biology of Behavior*, New York: Holt, Rinehart and Winston, 1970.

Kendon, A., & Ferber, A. "A Description of Some Human Greetings." In Michael, R. P. and Crook, J. H. eds., *Comparative Ecology and Behavior of Primates*, London: Academic Press, 1973.

亲向婴儿打招呼，再次表示她对他的关注，似乎都是一种准备进行互动的信号。

（2）对进行中的互动行为的维持和调节。微笑和关心的表情具有这些功能。微笑是强有力的肯定信号，表示互动不只是在进行中，而且进行得很好。当互动正在进行，情形却不太妙时，我们能看到母亲关心的表情。它是表明母亲意图的一个明显信号，表示母亲要重新集中精力，重新参与，维持互动。

（3）终止互动。皱眉头，同时把头转开并中断注视，是表示终止的信号，至少是暂时终止对婴儿或母婴双方不再有用的互动。当然，终止也许是暂时的，接着可能有重新开始互动的信号，开始不同的互动。

（4）回避社会互动。中性或无表情的脸，特别是伴有视线转移，是明显的不愿意或不打算进行互动的信号。

所有"基本"情感——如害怕、生气、高兴、惊奇、厌恶——的面部表现都包含了由每个面部器官如眼、口、眉毛等的不同运动或位置的不同结合而构成的情感组合。在所有的文化里，我们在很大程度上把这些情感组合看作天生的产物。每一种情感组合都与一种基本的情感相对应，除了每一种与基本情感相对应的情感组合具有天生的信号功能外，各个面部器官的某些运动，尽管与已知的感情组合没有多大关系，也有天生的信号功能。例如，睁大眼睛（通常伴随着眉毛上扬，暗示惊奇、畏惧、问候）的信号功能是向他人表示愿意参与互动。相反，双眼微闭（伴随皱眉或降低眉头）——比如在生气、害怕、不赞成或厌恶时——的一般信号功能是希望减少互动，减少或中断对他人的注意力。同样，抬头面向对方，或与其保持在一个平面上，对维持互动也有积极的作用。把头低下，朝后仰，尤其是转向一边，一般表示相反的意思，即打算结束互动。嘴巴张大是一种积极的维持互动的信号，嘴巴收紧则表示相反的意义。从这种意义上讲，母亲的婴儿诱发式面部表情提供了一个信号，暗示了一种和互动本质有关的准备状态和意图，同时给婴儿提供了一些比较特殊的情感体验。

母亲对婴儿做出的主要面部表情都特别强调那些强信号成分（睁眼或眯眼、扬眉或皱眉等），这些信号与开始、维持、终止或回避互动的意愿有关。母亲表情的其他信号特征起初会被婴儿忽视，或被认为与自己无关。

婴儿诱发式社会行为有三个显著的特征：它们在空间上被夸大，可以最大限度地充分表现；它们在时间上被夸大，通常表现为动作形成速度慢和持续时间长；通常局限于几个频繁运用的表情。母亲面部表情的这些特征无疑促进了婴儿学习人类面部表情的能力。与选定表情的频繁、老套的动作相适应的时间和空间位置的夸张，会使这些行为显著突出，这些行为极大地帮助婴儿把它们从充当"背景行为"的其他表情或"只是"讲话的伴随行为中挑选出来，虽然这些表情在当前的发展阶段也许不那么重要。正如我们将要看到的那样，以其他形式出现的婴儿诱发式社会行为——如发音——的三种特征也会发挥相同的功能。

发音

言语，通常包括说的话和说话的方式。弗格森在一篇标题为《六种语言的儿语》①的论文中，研究了六个语言背景不同的母亲对婴儿所说的话。他发现，她们都使用各自的儿语对婴儿说话。每一例中都有非常简单的句法，简短的句子，许多无意义的发音和某些声音变化。这些声音变化在各种语言背景下有一些共同特征，比如全世界的母亲都会把各自语言中"可爱的小兔子"的发音作一些改变，听起来多少有些变调。

其他研究人员，比如纳尔逊和布卢姆，描述了一位母亲教一个年龄稍大一点（两岁）的幼儿讲话的情景。母亲在一个句

---

① Ferguson, C. A. "Baby Talk in Six Languages," in Gumperz, J. and Hymes, D. eds., *The Ethnography of Communication*, New York: Holt, Rinehart and Winston, 1964.

子里使用的单词很少，句法也很简单。[1]在随后的几个月里，她会渐渐地使句子变得长一些、复杂一些，使孩子正好能理解。她会跟孩子不断增长的语言技能保持同步，或稍微领先一点。

然而，当你听一位母亲对一个几个月大的婴儿说话时，值得注意的是她怎样说，而不是说了什么。[2]首先，声音和音调几乎总是上升。研究者经常可以听到母亲（或父亲）长时间用假声说话。在这些假声中，许多都是标准的英语句子，其他的则是尖叫声和一些词语混在一起的刺耳声音。有时候，为了让婴儿高兴，看护人会换成（有时是突然地换成）低沉的假声。此外，当在低音区"游戏"时，单词和动物类声音的混杂所呈现的变化有时简直妙不可言。

我们先前阐述的有关面部表情的观点十分重要。看护人夸大了她的行为，在本例中表现为对音调的夸大。这就好像她

---

① Nelson, K. "Structure and Strategy in Learning to Talk," *Monograph of the Society for Research in Child Development*, 1973, 38, no.149.

② Snow, C. "Mother's Speech to Children Learning Language," *Child Development*, 1972, 43, 549-564.

Stern, D. N. "Mother and Infant at Play: The Dyadic Interaction Involving Facial, Vocal and Gaze Behaviors," in Lewis, M. and Rosenblum, L. eds., *The Effect of the Infant on Its Caregiver*, New York: Whiey, 1974.

Slobin, D. "On the Nature of Talk to Children," in Lenneberg, E. and Lenneberg, E. eds., *Foundations of Language Development*, I, New York: Academic Press, 1975.

在让婴儿体验合适的体验，让其接触其他人可能发出的各种声音。音高也被夸大了，从各种耳语之音到各种高声惊呼。声音强度方面的变化也比成年人正常的讲话丰富得多，更具戏剧性。同样，在单词和音节上也有较多的重读。由此产生的不同节奏和切分音，有助于提升母亲言语的质量。

　　除了行为在程度和范围方面的夸张，婴儿诱发式言语的其他特征是行为速度的变化。正如在面部表情的例子中那样，活动的速度有时会加快。元音延时较长。这类活动或者强调某些单词和词组，比如"小宝宝多么乖——"，或者强调社交活动而不是语言活动，比如母亲通过发出"啊——呜——"的声音来回应婴儿的面部表情。同样，音调和响度方面的速度变化一般说来也较缓慢，常常导致戏剧性的声音渐强、渐弱或滑音。最后，母亲会延长两次说话间的时间间隔，以便给婴儿留出足够的时间，在开始下一次交流前加工母亲刚才所说的内容。然而这不一定就是为什么母亲要停顿更长时间的原因。母婴间的有声对话是一种超常对话，它更像是母亲在想象的对话形式中的独白，虽然婴儿少有回声，但是母亲一般都当作他回答过了。图1说明了这一点。它表明发音在随后情境下的平均延时和"停顿"：（1）成人与成人对话；（2）母亲对婴儿说话；

（3）婴儿对母亲说话；（4）1、2、3类成分的组合。[①]当母亲对婴儿说话时，为什么她要缩短她的话语而又延长停顿时间呢？对这种较长停顿的一种解释是，对婴儿讲话后，母亲留出了成年人之间对话的平均停顿时间（0.6秒）。然后她保持沉默，假装婴儿对自己做出了回答，时间大概持续0.43秒，接着在轮到自己讲话前，再等待一段成年人对话的平均停顿时间（0.6秒）。根据这一假设，我们得到了母亲想象中关于对话的时间控制。以上所说的三段停顿时间加在一起（1.63秒）几乎和母亲在和婴儿说话时的停顿时间完全吻合（1.64秒）。举个例子来看：

母亲："你是我的宝贝吗？"（1.42秒）

停顿（0.60秒）

母亲想象婴儿做出回答："是的，我是。"（0.43秒）

停顿（0.60秒）

母亲："你当然是。"

---

① Stern, D. N., & Jaffe, J. "Dialogic Vocal Patterns Between Mothers and Infant," paper presented at the Conference on Interaction, Conversation and the Development of Language, Educational Testing Service, Princeton, October 1976.

这种情况部分是由于母亲以提问的形式对婴儿说话，这些问题容易激发出想象中的回答。

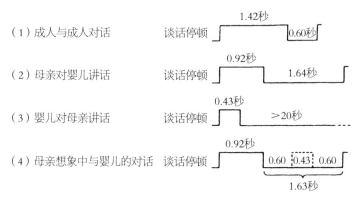

图1　四种不同对话情境下平均发声时间及随后的停顿时间

无论如何，婴儿从母亲那里接触到了说话—停顿的时间模式，此模式向婴儿传递了需要处理的"有声包"，提供了一段较长的时间来处理这个"有声包"，并且使他接触到了成熟的时间框架（他以后的对话技能必须符合这种框架）。换句话说，他学到了怎样像正常对话那样轮流讲话。我们毕竟不能同时处理信息又发出信息。到目前为止，一切顺利。母亲似乎正按照孩子真正会讲话后所需的反应塑造婴儿。但在母婴会话体系中却有另外一种变体。凯瑟琳·贝特森的研究结果表明，到婴儿3个月大时，母亲与婴儿已经形成了一种交替讲话模式。我们尝试重复贝特森的研究，结果也发现有时候情况确实是这样的。[1]然而，我们发现，在游戏中更常见的对话模式是母亲和婴儿齐声说话。[2]他们似乎是被"推动着"同时说话的。鲁道夫·谢弗称这种齐声说话为"合唱"。[3]当互动变得更为活跃和吸引人时，这种情况更可能发生。齐声说话起到的更可能是合作功能，而不是信息交流功能。

我们发现母亲和婴儿使用了和以后发展阶段中用到的互动模式不同的模式。我们也发现母亲改变了提供给婴儿的有声刺激的持续时间和强度。

凝视

当我们留心母亲怎样凝视婴儿时，我们发现在社会互动中调节人们相互凝视的成人文化"规则"不再起作用。我们所处的文化中的第一条规则就是，两人不能直视对方的眼睛（相互

---

[1]　Bateson, M. C. "Mother-Infant Exchanges: The Epigenesis of Conversational Interaction," *Annals of the New York Academy of Sciences*, 1975, 263, 101-113.

[2]　Stern, D., Jaffe, J., Beebe, B., et al. "Vocalizing in Unison and in Alternation: Two Modes of Communication Within the Mother-Infant Dyad," *Annals of the New York Academy of Sciences*, 1975, 263, 89-100.

[3]　Schaffer, H. R., Collis, G. M., & Parsons, G. "Vocal Interchange and Visual Regard in Verbal and Pre-Verbal Children," in H. R. Schaffer, ed., *Studies on Mother-Infant Interaction*, New York and London: Academic Press, 1977.

凝视）太久。相互凝视是一种有效的人际活动，依互动的人和情景而论，它大大地提高了个体的唤醒程度，唤起了某种强烈的感情和潜在行为。相互凝视很少能持续几秒以上。事实上，交流的双方在不说话时，是不会直视对方的眼睛长达10秒以上的，除非他们正准备或已在搏斗或做爱。对母亲和婴儿来说，情况就不同了，他们可以相互凝视长达30秒，或者更长。

不再受重视的第二条规则有关成年人如何协调他们的凝视和讲话。一般说来（有种族上的例外），在对话中，听者大多数时间都在看着讲话的人。当讲话的人开始讲话时，他一般也要看着听者一会儿。然后，随着讲话的继续，他将视线移开，只是偶尔地看一眼听者的脸（以获得某种反馈）。临近讲话完毕，他再次望着听者，发出他马上要结束的信号，然后停止讲话。先前的讲话者，现在成了听者，随后又要看着即将变为说话人的听者的脸。[①]

在游戏互动过程中，母亲无法避免凝视婴儿，同时和他说话。而且她们要用70%以上的游戏时间来凝视婴儿，平均每次

① Argyle, M., & Kendon, A. "The Experimental Analysis of Social Performance," in L. Berkowitz, ed., *Advances in Experimental Social Psychology*, vol.3, New York: Academic Press, 1967.

Kendon, A. "Some Functions of Gaze Direction in Social Interactions," *Acta Psychologica*, 1967, 26, 22–63.

凝视持续大约20秒，可以说时间非常长。在喂奶时，母亲也要用大约70%的时间看着婴儿，但每次凝视的时间短一些，大约12秒。①然而，在喂奶时，母亲不会同时望着婴儿又和他说话。正如我们将看到的那样，这种综合行为是一种强烈的游戏"邀请"，很可能中断喂奶。因此，喂奶时，如果母亲望着婴儿，她常常沉默不语。

在游戏中，母亲凝视着婴儿，好像是听者，而事实上她常常是说话的人。在喂奶时，她就像一个讲话者一样凝视着婴儿，却很安静。尽管婴儿最初接触的是人类交流系统的变体，他在日后却习得了人类交流系统的成熟形式。他是如何做到的呢？这是个值得思考的问题。

面部表情与头部运动

没有什么能像一张突然出现的面孔那样能抓住注意力。

"躲猫猫"是一种任何时候都受全世界婴儿喜欢的游戏，操作方法是不断将脸遮蔽，然后露出来。这是一种可靠的手段，能够吸引婴儿的注意力，给婴儿带来欢乐。做躲猫猫游戏时，母

---

① Peery J. C., & Stern, D. N. "Gaze Duration Frequency Distributions During Mother-Infant Interactions," *Journal of Genetic Psychology*, 1976, 129, 45-55.

亲用一块毯子或手先遮住自己的脸，然后显露出来。这个游戏
可在孩子长到第四个月左右时开始。当然，在相当长的一段时
间内，婴儿仍然是观众，母亲是唯一的表演者。在躲猫猫游戏
的早期形式中，母亲不需要用东西遮挡自己的脸。母亲只需朝
婴儿展现整张脸，然后把脸转开、低下或后仰，不断重复这个
过程，每次和婴儿保持大约相同的距离。当母亲试图吸引婴儿
的注意力，营造欢欣的氛围时，她的许多头部运动与她的计划
是一致的。一个普通的例子足以说明这一点：母亲低下头，像
是在看着地板，嘴里说着"啊——呀"，然后突然将头抬起，
在重重地发出"呀"时将整个脸展现出来。接着又低下头，开
始下一轮循环。在这种情形中，母亲的头不像在躲猫猫游戏里
那样时隐时现，但整个脸却时隐时现。这种序列的连贯性和
频率令人难忘，被编入了母亲邀请婴儿参加的大量社交活动
之列。例如，有一类母亲习惯提问："你饿吗？""饿吗？
啊？""是的，我想你饿了。"每次提这些问题时，她可能将
头和身体向前倾，头略倾斜，讲话时将整个脸露出来。然后，
在提下一个问题之前，她退了回去，头也缩了回去。每次提问
时可同时伴有独特的面部表情。

　　重复的面部表情甚至会在明显无关的游戏活动中出现。例
如，在"贴着婴儿腹部移动嘴唇"的游戏中，特别是每次猛

低下头，在婴儿的腹部挠痒痒之后，母亲会直起身来，露出面部，常常带有惊喜的表情，然后再重复刚才的环节。事实上，从对婴儿的观察来看，我们常常很难分辨出哪个行为更奇妙，是在腹部挠痒痒还是随后生动的面部展示。

母亲这种吸引注意力的行为方式最重要的特征或许是在展示面部时做出某种面部表情。因此，几乎是一连串单独的面部展示成了随后出现的不同面部表情的载体。这些面部展示不同于我们在成人与成人之间的互动中见到的面部展示，因为他们的周围有更多离散的边界，有特别明显的行为停顿或"沉默"。对婴儿来说，每个单独的面部展示都是一种更愉快的变化。

就其他头部活动而言，所有婴儿诱发式社会行为的共同特征就是运用夸张或充分显示。这适用于各种具有重要信号功能的头部活动，比如上下点头、左右摇头或夸张地扭头。

空间关系学

成人和婴儿之间存在一种人际空间。简而言之，我们每个人都被一个心理"泡泡"包围着，我们在这个泡泡构成的真空内行走，这个泡泡本身与我们的身体有一定的距离。如果某个人走得太近打破了这个泡泡，我们就会感到不舒服，常常会避开对方。在我们所处的文化中，亲密距离大约为60厘米。当然，也存在着较大的个体差异，甚至更大的文化差异。不过，这种现象存在于所有的文化中。只有在亲密的互动过程中，打破这种预期的距离才能被个体接受，甚至令个体感到愉快。

大多数成年人在婴儿面前表现出的行为暗示他们不认为婴儿有亲密距离，和婴儿在一起时他们自己也没有亲密距离。即使是第一次见面，他们也会风风火火地走向婴儿，同婴儿鼻子贴鼻子地接触。他们认为这很平常。许多成年人——如孩子的姑姑、姨妈——并不知道自己为什么不受婴儿喜欢。我认为原因就在于这种打破亲密距离的行为，这当然会令婴儿和他的母亲心烦。更重要的是，她们常常丝毫无法意识到自己这种行为的后果。

婴儿不喜欢以这种方式被侵犯。在一篇重要的文献里，研究者论述了婴儿对逼近他面部的物体的厌恶反应。许多证据表明，这种反应是天生的，源于为了生存需要而保护脸、眼睛的本能反应。①无论怎样，母亲对婴儿的这种反应有些不太在意，母亲的许多面部展示、头部运动、触摸和游戏会扰乱婴儿的反应（这种反应完全可以看作婴儿发展亲密空间屏障的先兆）。

---

① Bower, T. G. R. "Stimulus Variables Determining Space Perception in Infants," *Science*, 1965, 149, 88–89.

她可能迅速地移向他，吻他或假装咬他的鼻子，然后退回，退到婴儿的亲密距离之外，接着再次靠近，逼得更近，但同时带有面部表情，并且发出声音吸引他的视觉注意，以便抑制他的反应。总之，无论如何也不能让他做出这种反应。母亲对成人空间距离的长期忽视，对培养婴儿的容忍品质以及引导他在亲密距离内从事交往显得极为重要。他后来的亲密行为如亲吻、依偎，可能部分有赖于这些初期经历。

对行为的整合

上述行为一般都属于同一个协调的行为包。母亲在一个单独的头部运动—面部展示的结构中做出面部表情、说话和凝视。对旁观者（也许是婴儿）来说，这种多模态活动是作为一个单一的交流或表达单元来体验的。但是，她的行为的每个成分都能单独执行，虽然她很少这样做。然而，为了更好地理解每个行为成分是如何影响婴儿的，且达到何种程度，我们可以用实验"清洗"将每个成分分离开，甚至将各个成分以不同的方式重新结合起来。

我做这种实验的最初尝试完全失败了，但这却很有启发意义。当婴儿没有望着母亲时，我们请母亲做出典型的面部展示行为，或朝着有些偏离婴儿的方向（45度）做出这些表情。母亲感到尴尬好笑，结果常常因为自己滑稽的面孔而笑起来。我们请一位母亲以看似望着婴儿，实际上并未看着婴儿的样子对他讲话，结果我们看到了一个艰难的、极不自然的行为。最后我们请母亲凝视婴儿，但不讲话，身体和面部也不动，结果母亲、婴儿和研究人员都感到不安。

我们放弃了这种实验形式。然而，其他研究人员对各种母亲提供的刺激进行了实验室操纵。我将提到两个例子，因为它们促使一个重要的观点得以形成。特朗尼克和他的同事请母亲交替进行两种行为，一种是有表情、有声音的行为，一种是无表情和无声音的行为，与此同时注视着婴儿。婴儿对毫无表情的脸的主要反应是不适和厌恶。[①]（婴儿在失去兴趣以前做了许多有趣的事，想让母亲"行动"起来。）从这里我们可以看到，限制同时发生的社会行为综合表现中的一种或几种特别成分，对婴儿和母亲来说都是不自然的。

另一个有趣的实验针对的是这样一个问题：婴儿是否期盼母亲发出的不同刺激以可预料的形式综合起来，或者说在人类

① Tronick, E., Adamson, L., Wise, S., et al. "The Infant's Response to Entrapment Between Contradictory Messages in Face to Face interaction," paper presented at the Society for Research in Child Development, Denver, March 1975.

世界里，哪些事物能够可靠地组合在一起？问题是，什么时候母亲的声音出自同一个地方或方向，如母亲的嘴巴或脸？在一项巧妙的安排中，研究人员将母亲安排在完全看得见婴儿的隔音玻璃后面，让她对着麦克风讲话，麦克风连接着安放在婴儿两边的两个扬声器。研究人员可以把她的声音调节成好像来自她脸的两边90度的任何方向，使两个扬声器的响度不平衡。此时，婴儿已满三个月。当母亲的声音来自与她脸的位置偏离15度的任何方向时，婴儿变得不安。[1]

　　双颊和声音应是一起的，或者应出自同一个地方。毫无疑问，有许多其他类似的事物也应该"有联系"。作为成年人，我们理所当然地认为它们是人类行为范围的组成部分，如某些表情，某些声音。事实上，对于成年人，表情的许多细微差别是由于我们省略了构成预期和已知显示的行为集群的一个或更多的预期成分造成的。然而，婴儿必须首先获得关于表情的经验和知识。看护人执行和整合离散行为的特殊方法加速了婴儿的学习过程。

　　在出生后的六个月里，婴儿开始为他高度发达的技能领域的

---

　　[1] Aronson, E., & Rosenbloom, S. "Space Perception in Early Infancy: Perception Within a Common Auditory-Visual Space," *Science*, 1971, 172, 1161-1163.

一个方面——"解读"他人行为的信号和表情打下基础。在生命的第六个月结束时，他将能够分辨出大多数基本的人类表情。此外，他将能够知道调节有声互动流程的基本规则和信号。

为什么婴儿会诱发这些行为？

这个问题指向了有关天赋与学习的全部有疑问的论点。每当我们看到在所有社会里，个体在某种自然情境下都会表现出一组行为（这组行为在千万年的进化中完成了其适应性目的），我们便想知道习得这些行为在多大程度上有赖于某种生物学基础。我们只能小心翼翼地做一个尝试性的回答。当然，严格地讲，婴儿的注视并不是诱发成人的固定行为模式的刺激，虽然有时候情况看起来的确如此。德凯里注意到，有些人（通常是女性）几乎会无法抗拒地被公园里或人行道上的婴儿车吸引。不管婴儿的母亲高兴不高兴，她们会将头伸进婴儿车，充分展现婴儿诱发式社会行为。有些成年人或父母不大这么做，有些人只对自己的婴儿而很少对别的婴儿这么做，有些父母表现出的这类行为多一些或少一些，有些人充分展现的程度比其他人大一些或小一些，有的人在某种模式上充分一些，如在发声方面，但在面部表情方面却不那么充分。然而，尽管有这种差异性（这种差异性在很大程度上取决于婴儿是谁），但是几乎所有的母亲都会以某种方式表现出这些行为。一个看护人总以像对待成年人的行为去对待婴儿，这是相当不正常的，并且是令人讨厌的。

我们有时候很随便地谈论某人具有看护婴儿的"天赋"。这种印象常常基于三方面的评价：她的婴儿诱发式社会行为的表现程度；这些行为的执行方式（丰富、多样、充分）；她对这些行为进行的微妙的时间控制。

"婴儿诱发式"这个术语是相当复杂的。我当然不是说看护人的行为是被强制唤起的。我的意思是，我们大多数人在以相当陈旧和可预期的方式做出反应时，都存在一种很强的倾向。

"幼年特质"

三十多年前，康拉德·洛伦兹提出，如果某物种的年幼者需要特殊的养育经历给他们提供生存所必需的社会化，他们最好能有某种手段确保这种养育行为唾手可得。他提出，一种可能的手段就是让这些年幼者看起来不同于这些物种的成熟者。区别年幼者与年长者的物理特性可以作为父母看护行为的释放刺激。他进一步指出，年幼者与年长者在物理特性方面的差异在许多需要特别的看护行为来促进社会化，从而求得生存的物种——如狗、猫、鸟、人——中都非常相似。

他将一系列年幼者的区别性特征统称为"幼年特质"，其中包括：与身体比例不相称的大脑袋；与面部其他部分不相称的突出的前额；与面部其他部分不相称的大眼睛；眼睛位于面部水平中线下方；双颊圆而突出。

洛伦茨和埃布尔-埃布斯菲尔德两人曾评论称，幼年特质的这些标准对所有物种基本都适用，这可以解释为什么多数小动物的可爱和搂抱会对人类产生吸引力，这也可以解释为什么小动物可以诱发我们在婴儿面前表现出的社会行为。埃布尔-埃布斯菲尔德进一步指出了商业领域是如何利用幼年特质的。商业人士会在明信片上印上夸张的大眼睛或圆脸来增强明信片的吸引力。这种观察具有某种临床意义，因为以这种方式，社会就有某些余地去形成关于什么样的婴儿才有吸引力的评价标准，就像形成什么样的成年人才比较美丽的评价标准那样。

然而，婴儿可爱的外表肯定不是婴儿具有吸引力的全部原因。婴儿做出的感情表达运动——特别的微笑、各种眼神、仰头张嘴、伸出舌头——也是原因之一。这一系列行为中的最后一种，已被证明比微笑更能有力地引发母亲一系列积极的社会行为。假如你要体验这种行为的召唤力，让某人张大嘴，伸出舌头，同时望着你，扬起头向你靠拢（或在镜子前对你自己这样做）。在这种情况下，你会产生不同的情感，从感到性感到感到厌恶，这要看这个动作来自何人，无论如何，这组行为都很有影响力。然而当这组行为的发出者是婴儿时，它一般会促使母亲产生相当积极的感觉。

无论如何，婴儿行为如同静态解剖结构，对诱发我们所说的这组行为具有一定的生物学价值。我们需要弄清楚的是，婴儿的诱发能力在多大程度上是预设的，它们在多大程度上看起来与他们所做的相冲突。

谁做这些行为？

行为者有很多：母亲、父亲，这是必然的；父母同他们的第一个、第二个和最小的孩子；祖父母、曾祖父母；无孩子的成年人和青少年，包括男孩和女孩；青春期前的孩子们，包括有或没有兄弟姐妹的男孩和女孩。我们认为，从与婴儿相处的早期经历中学习相对而言并不重要。这些行为并不是某个性别的个体独有的。这些行为也不局限于某个特定的发展阶段。人类和动物不同。某个动物物种中的某些特定个体在特定时间内已经为做出这些行为做好了生物学准备，而做出这些行为的人类无论男女，无论老幼。这说明我们有巨大的灵活性，使其他人能够取代母亲，以便在婴儿出生后的六个月里给婴儿提供适当的社会刺激。（甚至在奶瓶出现之前，也没有任何理由要求社会刺激的提供者必须和乳汁的提供者是同一个人，全世界都不是这样。）学习和练习这些行为的便利使我们获得了极大的灵活性，使我们在一些情况下可以求助于某些社会成员，让他们代替我们，给婴儿提供适当的社会刺激。

我认真分析了一下手头的资料，确有一些难以理解的部分。这里有两个没有完全回答的问题：在童年，儿童最初表现出了做这些行为的能力吗？女性更容易表现出这些行为吗？如果是这样，为什么？

先来看第一个问题。富拉德和雷林试图查明，人们从什么年龄开始更愿看婴儿的脸（与成人的面孔相比）。[1]他们把两张幻灯片（一张是成年面孔，一张是幼年面孔）分别拿给年龄从7岁到成年的男性和女性看。这两张幻灯片（同时放映）包括成年和幼年动物的面孔以及成年和幼年的人类面孔。只是简单地问参加实验的人在这些面孔中更喜爱哪些面孔。结果发现，12岁到14岁之间的女孩及成年女性更喜爱小孩和幼年动物的面孔。男孩大约要晚两年才会显示出同样的偏好，但喜爱程度要

---

[1] Fullard, W., & Reiling, A. M. "An Investigation of Lorenz's 'Babyness'," *Child Development*, 1976, 47, 1191–1193.

弱一些。与成年女性相比，成年男性对小孩和幼年动物的喜爱程度也要弱一些。

女孩的青春期始于12岁到14岁，男孩的青春期要晚一到两年。这些研究表明了这些行为的生物学基础。然而，作者细心地指出，潜在地影响这种喜爱的各种社会因素也开始在这些年龄段起作用。

到目前为止，还没有研究者对儿童在什么时候才能做出这些行为中的某些公认的行为进行过研究。大量证据表明这些行为出现得相当早，早至童年中期。我们所做的一项初步研究表明，男孩和女孩早至6岁就会在有生命的人类婴儿以及活的小动物面前表现出这些行为。这些儿童表现出的行为技能相对有限，包括升高音调、重复发音、儿语、长时间凝视、做怪相（包括眉毛上扬、嘴唇突出）以及各种触摸行为（包括用鼻子拱擦、轻拍、抚摸以及亲吻）。很多这类行为都超越了亲密距离的界线。有趣的是，这些儿童行为在玩偶游戏中不一定会出现。在玩偶游戏中，孩子把大多数时间花在有目的的父母行为上，比如喂养、换衣、洗浴，而不是与无生命伙伴进行纯粹的社会互动。

那么，婴儿诱发式社会行为在儿童进入青春期之前就已经成了人类行为能力的一部分了。他们是否运用和在什么时候运用这种能力是另一个问题。这与研究者对卡拉哈里沙漠一个游牧部落的婴儿的观察一致。在那个社会里，母亲用吊带背着婴儿四处走动，婴儿和母亲在白天劳动的大多数时间里几乎没有面对面的接触或游戏。梅尔·康纳尔指出，青春期前的儿童——通常是女孩——通常是处于这种状态的婴儿的社会刺激的来源之一。她们常常跑到婴儿面前进行一次迅速、活泼而短暂的互动，包括我们提到的那些行为。①进一步的研究表明，婴儿坐在吊带上几乎刚好与青春期前儿童的眼睛在一个水平面上，而这是促进社会互动的理想位置。

我们未回答的第二个问题是关于女性与男性的问题。很明显，在我们的文化里，尽管有生物学差异，女性更愿意对实验室里操纵的幼年特质和日常生活中的婴儿做出反应。一般说来，她们更可能表现出广泛而丰富的婴儿诱发式社会行为。我们不知道，不同的学习、模仿以及社会条件是否会扭转这种局势。没有哪个有文献记录的社会做过这样的尝试。

总的说来，这情形看起来好像是这样的：个体在儿童中期已经表现出可以做出婴儿诱发式社会行为的能力，六岁左右的

---

① DeVore, I., & Konner, M. J. "Infancy in Hunter-Gatherer Life: An Ethological Perspective," in White, ed., *Ethology and Psychiatry*.

DeVore, I., & Lee, R. B. *Kalahari Hunter-Gatherers*, Cambridge: Harvard University Press, 1976.

男孩或女孩便可以做出婴儿诱发式行为。然而，直到青春期的生物性和社会性的变化开始，个体才有了寻找婴儿来诱发这些特殊行为的冲动。因此，当生理方面具备了成为父母的可能性时，个体已存在但部分处于休眠状态的婴儿诱发式社会行为才得到了所需的刺激。激励女性利用和表现这些行为的文化因素在这个社会里如此复杂多样，因此要把导致不同行为的任何确切的生物学因素分离开来是不可能的。

无论如何，在生存或其他原因的压力下，男人、儿童以及超过了抚养孩子年龄的所有成年人都可以成为婴儿的辅助看护人。

一个临床问题

我们在为人父母之初，从生物学角度（和文化角度）来讲，易于对新生儿的脸和面部表情做出反应。但是假设我们见到的与我们的期待不符，假如婴儿生来就带有影响形象的、畸形的头、眼睛或嘴巴，那么父母常常会经历一段激情休止期或部分的抑制期，对婴儿完全"罢工"。假设婴儿只是比预期标准丑一点，那么同样的事情可能会以更普通、更温和的方式发生。构成婴儿"丑"的因素可以是任何与理想的幼年特质不一致的东西：眉毛低（没有呈现大而突出的前额）、眼睛小等。

这对于父母来说绝不是小事。美与丑在某种程度上是个忌讳莫深的话题，它们会引起父母的痛苦。人们通常绝不会提及这个问题，或是一笑带过，这样孩子的父母充其量只会暂时感到不快，马上又会转向对孩子的挚爱。令父母放心的是，敏感的护士和医生意识到了这些感情，常能很好地处理这些事情。

再次回顾我们的进化史将是十分有益的。大多数动物的母亲（包括那些自认为极好的母亲）从生物学上做好了给新生儿提供看护的准备，不过她们会约束她们的母性行为（如果愿意，也可称之为本能），让那些看起来不够正常的后代死去。在几个所谓的原始社会里也有类似行为的报道。尽管此类事件在我们心中引起了憎恶感，但这种行为对整个物种的生存的有益之处还是显而易见的。

我们谈论这个令人不愉快的主题主要是想说明，那些有一个轻微畸形的婴儿的母亲并不是养育行为受压抑的自主进程的受害者。从进化角度看，她们是无意的受益人。无论是什么理由，这些实际存在的事情和感情是真实的，值得更多的关注。

到目前为止，我们已经在本章讲了婴儿诱发式社会行为，提出了不同的人身上的这种行为的性质、可能的起源和发展等。现在我们去关注发生这些行为的主要原因。这些行为是母亲控制她与婴儿之间的互动的重要工具。说控制，我的意思是开始、维持、调节、终止互动，以及不断调整婴儿的注意水平、觉醒程度等。为了创造不同的速度、主题、主题的变体，母亲按顺序、时间排列控制行为的方法将提高婴儿对人类交流和感情表达的理解。

然而，在研究这些问题以前，我们必须先转向婴儿，研究他们的行为技能。我们毕竟是在讲两人之间的互动。只有我们把这种互动看作一种双方关系时，才能理解它。

第三章

婴儿的技能

婴儿带着不可思议的建立人际关系的能力来到世间。他（她）立刻就成了形成他最初、最重要关系的合作者。他虽然具有非凡的社交才能，却不够成熟。然而，这不成熟的概念带着某些累赘摆在了我们面前。"不成熟"的标签并不是一盏在比较成熟的行为到来前可以拒绝接受某种行为的绿灯，也不是一个让人去注意发展过程本身（一系列走向成熟的、难以理解的变化）的信号。从根本上讲，一个人只是我们发现他那个时刻的样子。一个3个月大的婴儿的行为是完全成熟的，他能够圆满地完成3个月大的婴儿的行为。对2岁、10岁、21岁的人来说也是如此。你可以画出你想要的"线"，这取决于你对哪些人类能力特别感兴趣或你在密切关注什么能力。

　　站在这种相对主义的立场，我并不是要轻视有力的发展和成长现实。我的主要兴趣是在什么地方有两人的互动，它是如何起作用的，而两个合作者中的任何一方对互动的贡献却是次要问题。更重要的是，虽然母亲从智力上很好地理解了婴儿的不成熟，经常希望他快快长大，但是她和他还不能建立一种完全自发的关系，除非从情感上将一切都抛在一边。就像她生活中的其他重要人物，他就是他，在遇到他的时候，与他所拥有的进行互动。

然而，婴儿的社交"工具"是什么？引导并允许他进行社会互动的感知能力和运动能力是什么？我的描述并不全面，也不会罗列婴儿所能做的和感知到的一切，而只会强调在生命最初的6个月里，影响婴儿的人际关系、情感交流的那些活动。在这个时期，婴儿强烈地关注着他的主要看护人提供的人类刺激。

凝视

婴儿有兴趣看什么？

作为一种基本的社交和合作行为，凝视的重要性在近10年才开始得到正确的评价。婴儿出生后，其视觉运动系统立刻开始工作。新生儿不只能看见，而且有本能反应，使他能跟踪并注视一个物体。尽管没有经验，但婴儿仍能用眼睛追踪一个运动的物体，并长时间注视它。大多数活泼的新生儿可以很容易地表现出这一点。他们中的许多人在出生后几分钟内就会机灵地用眼睛追踪一个处于他们视野的物体。他们不需学习就能做到这一点。但他们看见了什么？在看和看见之间有一个非常重要的区别，正如在听和听见之间一样。

　　婴儿一出生就被淹没在一片混乱的、不知所措的世界里吗？这个世界有光、黑暗、角度、线条、图案，但对他来说都是没有意义的物体。他没有办法知道一个事物在哪里消失，另一个事物从何处开始，没有办法将人与无生命的东西分开。这样的一个"世界"可能存在。在20世纪20年代，外科医生冯·森登给出了一些迷人的发现。冯·森登拥有难得的机会用外科手术从成人眼中清除白内障。由于有白内障，这些人生来就失明，但视觉系统却保持完好。结果令人吃惊：病人恢复了视力，却"看不见"，他们大多数人"看"得相当清楚，却发现视觉世界纷乱迷离、毫无意义，产生了一种痛苦的感官体验。许多人希望再度失明。视觉世界里的物体只能慢慢地调整他们在失明的日子里通过其他感官建立起来的概念和图式。他们"适应"得极其缓慢。①

　　为什么新生儿不是这样呢？首先，也是最明显的，婴儿并没有带着已经形成的对世界物体的概念进入生活。对婴儿来说，一切都是新的。没有前概念和已经建立的物体体系与他的

---

　　① von Senden, M. *Space and Sight*, Glencoe, Ill.: Free Press, 1960.
　　Spitz, R. A., & Coblinger, W. G. *The First Year of Life*, New York: International Universities Press, 1966.

视觉认知相冲突。因此，他不会因重新评价这类感觉而产生困惑、矛盾或痛苦的体验。他被赋予了寻求刺激的秉性。他有条理地按从小到大、从简单到复杂的原则建构自己的经验殿堂。这就是他的本性。只要刺激不是多得让他不知所措，他就会带着热情，愉快地进行他的重要工作。所以，不像冯·森登的病人那样不得不去重新组织物体世界，新生儿有更特别的、烦恼更少的任务。他必须去探索整个物体世界。每个婴儿都得在心目中形成关于物体和人的世界图像。

婴儿刚来到世上时就像一张白纸，任由他自己的生活经验去书写。这个观点听起来可能有些过时。这不是我的观点，事实也并非如此。婴儿一出生就有感知偏向、运动模式、思维倾向和情感表达的能力以及辨别能力。然而，从我们正在进行的一系列研究来看，在世界的先天"安排"中没有什么东西有足够的特性使新生儿遭遇重见光明的病人所遭遇的那种失调或混乱。

婴儿很容易被过量的刺激弄得不知所措。然而，他是"被精心设计出来的"，因此他与母亲一道在自然界中占有一席之地，这有助于保护他不受过量刺激，同时保证他接触来自视觉世界的足够刺激，使二者达到平衡。保证这种平衡的最初"设计特征"之一是婴儿只能把视力集中在离他20厘米远的物体上，不能清晰地看见更远或更近的物体。物体在他的视焦点之外可能变得模糊起来。因此，新生儿清晰的视觉世界被限制在距他大约20厘米的周界线上。一定距离内出现的强光的确会使婴儿转过脸去。一般情况下，他不会受到这个范围以外出现的东西的影响。

在出生后的几周内，婴儿清醒时的大部分时间都在吃奶，少数时间是在换尿布或者洗浴。他将看见什么？研究表明，当婴儿被母亲抱着吃母乳或吸奶瓶时，他的眼睛几乎刚好离母亲的眼睛20厘米远（如果她是面对他的话）。[①]我们发现，在喂奶时，母亲大约有70%的时间面对婴儿并看着他们。因此，婴儿很可能看见的是母亲的脸，特别是她的眼睛。（几种早期理论假设婴儿看见的最初的、最重要的客体是乳房。这显然不对，因为在吸奶时，乳房离他太近而不在视觉焦点上。）因此，自然设计的身体结构、姿势、视觉能力都表明，对婴儿建立早期视觉世界来说，母亲的脸是最初的重要焦点，也是婴儿形成早期人类关系的起点。

第二条证据也表明了凝视在早期人类关系中的重要性。阿伦斯和斯皮茨注意到，和侧脸或其他物体相比，3个月左右的

---

① Robson, K. S. "The Role of Eye to Eye Contact in Maternal-Infant Attachment," *Journal of Child Psychology and Psychiatry*, 1967, 8, 13 –25.

婴儿对展现在他们面前的正脸表现出更大的兴趣，并且笑得更多。[①]这些观察结果在其他研究中得到了证实。在一项研究中，研究者给婴儿呈现了各种各样的画，包括脸和其他物体。结果表明，婴儿看起来更喜欢一张关于脸的简笔画。引发这种喜爱的重要面部特征是两个嵌在一个较大的椭圆里、像眼睛的大圆点。这些发现表明，婴儿天生偏爱人脸的一些特征。

对特定的视觉形状的天生偏爱不是小事。它暗示人脸的某种图式或图画被译成密码编进了我们的基因，反映在我们的神经系统里，并且不依赖任何先前的学习经验就能在我们的行为中表现出来。研究者们开展了一场具有建设性的争论，争论的焦点在于：婴儿感兴趣的是面部的特定形状（面部完形），还是同样大小的包含同样角度、明暗对照、复杂模式、曲线等的视觉刺激？通过范兹和其他人早期开展的独创性工作，我们有可能相当准确地找出到底是什么东西吸引着婴儿的注意力。[②]

曾经有一段时间，关于先天与后天之间的争论如火如荼。有些实验支持先天说，有些却支持后天说。弗里德曼、哈福

---

① Ahrens, R. "Beitrag zur Entwicklung des Physiognomie-und Mimikerkennens," *Z. Exp. Angew. Psychol.* 1954, 2, 412-454.

Spitz, R. A., Wolf, K. M. "The Smiling Response: A Contribution to the Ontogenesis of Social Relations," *Genet Psychol. Monogr.*, 1946, 34, 57-125.

② Fantz, R. L. "Visual Experience in Infants: Decreased Attention to Familiar Patterns Relative to Novel Ones," *Science*, 1964, 146, 668-670.

和贝尔通过仔细控制刺激的各种单独成分，如复杂性和明暗对照，解决了这个争论。①他们发现，婴儿喜爱的并不是面部形状本身，而是任何含有一定质和量不同的刺激成分的视觉刺激，无论这些成分的组合是否以面部形状或其他形状出现。一种观点认为，这一区分，由于它富有的启示而非常重要。然而实际上，这个区分也是有待商榷的。在"一般可预期的环境"下，在自然界可遇见的所有普通婴儿的视觉客体中，人脸和其他客体一样，提供了准确而迷人的刺激成分的组合。此外，它的特殊趣味性是建立在婴儿对特定种类和特定量的刺激的天生偏爱这一生物学基础上的。这种情况有点像"曾经删除的"的天赋。另一些研究表明，眼角、瞳孔、巩膜的明暗对比以及眉毛和皮肤的明暗对比使婴儿特别着迷。从一开始，婴儿就"被设计"成要去发现人脸的迷人之处，而母亲则要把她"有趣的"脸尽可能展现得更具吸引力。

凝视的变化

在第六周的某个时候，婴儿的视觉运动系统进入了一个发

---

① Freedman, D. "Smiling in Blind Infants and the Issue of Innate vs. Acquired," *Journal of Child Psychology and Psychiary*, 1964, 5, 171-184.

Haaf, R. A., Bell, R. Q. "A Facial Dimension in Visual Discrimination by Human Infants," *Child Development*, 1967, 38, 893-899.

展的里程碑。婴儿将自己与母亲的社会互动提高到一个新的
水平。其间发生的事情是相当微妙的。婴儿能够把注意力放在
母亲的眼睛上，并睁大闪亮的眼睛，一直看着母亲。[①]对母亲
来说，她第一次有了婴儿真正是在望着她的感觉，甚至是在注
视着她的双眼。这可能是激动人心的。母亲也许会感到她同婴
儿终于产生"沟通"了。也许是第一次，母亲感到婴儿是一个
有充分反应能力的人。他们建立起一种真正的关系。通常母亲
分辨不出这种变化。较有观察力的母亲会说婴儿望着她的眼神
不同了。无论如何，从此时开始，母亲在语言上、面部表情上
以及前面所提到的一切方式、方法上，都明显变得更具社会性
了。事实上，有父母参与的社会性游戏互动才真正开始。

凝视的早期成熟带来的影响

到第三个月底，另一个发展里程碑又到来了。视觉运动系
统基本上变得成熟了。首先，婴儿的视觉范围不再局限于一个
8英寸的"圈"。婴儿的视觉范围与成年人一样宽广了。当母亲
离开、走近和在屋里走动时，婴儿可以跟踪她。他的交际网因
此广泛展开了。

---

① Wolff, P. H. "Observations on the Early Development of Smiling," in B.
M. Foss, ed., *Determinants of Infant Behavior*, vol.2, New York: Wiley, 1963.

　　这种早熟还有其他一些引人注目的方面。我们有必要简单地回顾一下什么东西参与了凝视，或者说视觉运动系统的活动。凝视包括两个截然不同的方面：视觉，感官之一；运动，指眼睛和头的运动，从而寻求和捕获视觉目标。这两种功能结合就产生了具有独特特征的视觉概念。你可以随心所欲地"打开或关闭"视觉功能。将双眼移开或低下头，目标物就从眼前消失了。我们还可以让目标物"重新出现"。相比之下，耳朵没有"耳帘"，将声音堵在外边就不如"打开或关闭"视觉功能那么简单。所以很明显，凝视作为一种应付外部世界的模式，有不同寻常的特征。

　　到第三个月底，婴儿就可以完全像成人一样，迅速地移动眼睛去搜寻一个物体，并凝视它。他还能迅速地调节双眼，以聚焦于物体。与婴儿的其他交流和人际关系调节系统——如讲话、手势、运动、操纵物体——的不成熟性相比，这种发展性标志相当非凡。（婴儿对其他两种运动系统——吮吸和头部运动——的控制此时已相当成熟。我们将在下文讨论头部运动，但吮吸本身在交流系统中还未取得充分的地位。）

　　人的发展时刻表变幻莫测，注定了视觉运动系统的早熟，导致了一种惊人的情形。母亲与婴儿之间的相互凝视是一种两人通过采用相同的方式开展的互动。我应该提醒一下大家：两人中有一位只是三四个月大的婴儿。毫不奇怪，婴儿在早期表现出的凝视行为引发了母亲对他越来越多的关注。

到第三个月底，婴儿对凝视方向的运动控制能力已变得成熟起来，使他基本上能完全控制住他所看见的东西。他的感知输入在很大程度上变成了他自己的选择。他可以否决、审查或测定他从外部世界"摄取"的视觉刺激的量和种类。当外部刺激是另一个人的时候，婴儿所处的位置可以帮助他调节关系的程度和水平，并影响他的人际行为。他成了真正的伙伴。

转向物体

在第六个月快结束时，婴儿对于人的面孔、声音以及触摸的偏爱，部分地被对够得着、抓得住以及操纵得了的物体所代替，他对后者有了浓厚的兴趣。婴儿的最近发展标志——他的手眼协调能力现在成熟了——使这一转折成为可能。

这种情况一旦发生，母婴间的互动就变得相当不同了，他们的游戏互动变得更像是母亲、婴儿和玩具间的三方之事。具有不同目的的不同行为出现了。现在，在白天婴儿醒着时，看护人处于婴儿注意力的边缘而不是中心。如果说婴儿在较早阶段就已完成了发展"工作"，即学习人的基本属性在很大程度上结束了，那么这时新一轮的学习，即学习物体的属性这一发展任务便开始了。当然，在此阶段，看护人仍很重要，但程度不一样了。

头部行为

头是如何抬起、低下、转动，或者说它是怎样运动的，对成年人来说可能都是强烈的社会信号，对婴儿也是如此。以前我提到过，对头部运动的控制是与视觉运动系统的早熟同步的。如果不同时考虑头部运动，我们就不可能考虑凝视行为（与眼睛运动不同）。头和眼睛一般说来是同时运动的，但并不总是如此，并非以同样的程度。头部运动和凝视转换，一般说来是协调的，尽管它们对其联合行为分别有不同的影响。考虑这些协调行为，我们有必要分析两种不同的经验：婴儿作为行为者的经验和看护人作为接受者的经验。

我们先从婴儿方面说起。有三种主要的头部姿势和凝视的结合与母亲的脸有关。[1]第一种是中心姿势，婴儿注视着母亲的脸，他的脸直接面对着母亲的脸或稍微偏向一边。婴儿通过视网膜中央凹看到母亲。视网膜中央凹就是视网膜中枢，形状知

① Beebe, B., & Stern, D. N. "Engagement-Disengagement and Early Object Experiences," in Freedman, N. and Grand, S. eds., *Communicative Structures and Psychic Structures*, New York: Plenum, 1977.

觉在这里形成，因此婴儿能看见母亲面部的轮廓。第二种是边缘姿势。婴儿不是直接看向母亲，却能从眼角"看见"她。他的头转向别处，偏离母亲15度到90度。他不再能通过视网膜中央凹看到母亲，看不清母亲面部的轮廓，但能用"间接视力"看见母亲。虽然这时婴儿没有形状知觉，但他仍然有运动、速度和方向知觉。用这非常普通的姿势，婴儿可以监测到母亲的头部运动和面部表情的变化。因此，他并没有失去和母亲的联系，他能够感知到母亲并对母亲做出反应。[①]第三种是完全失去和母亲的视觉接触。这一般是婴儿将头转过了90度或低下了头，或两者皆有。当婴儿做出这种姿势时，他的形状知觉和运动知觉就都消失了。

这三种主要的姿势可以被分解得更细，但我们的中心思想是，每用一种不同的姿势，婴儿就会产生与看护人相关的不同感觉（视觉）和运动（头的位置）体验。因此，每种姿势都给婴儿提供了一种与母亲在一起的不同的视觉运动"体验"，这一情形是在他的控制之下的。

从母亲方面来讲，婴儿的凝视方向和头部转动的性质与程

---

① Stern, D. N. "Mother and Infant at Play: The Dyadic Interaction Involving Facial, Vocal and Gaze Behaviors," in Lewis, M. and Rosenblum, L. eds., *The Effect of the Infant on Its Caregiver*, New York: Wiley, 1974.

度都具有重要的信号意义。首先，重要的问题是婴儿是否在看
着母亲的眼睛？婴儿正在看着并且还直接面对着母亲，这是一
回事。婴儿正望着母亲，却将头稍稍转开，如转开10—15度，
这又是另一回事。凝视"旁边"意味着不明确，模棱两可，它
含有眼光接触和头部转移或回避的矛盾成分。与成人相比，同
不足六个月的婴儿在一起，你就像是处在一个不确定的位置
上，一会儿婴儿扭过头来，看着你，和你发生眼神接触，一会
儿他又扭过头去，和你切断眼神接触。

　　将头转向一边，我们一般将其视为反感或逃避的信号。
（我们将在后面谈到一个特例，在那个例子里，它是向母亲发
出相互追逐的邀请。）无论如何，面部转移都可以被看作天生
的回避模式的一部分。当一个物体逼近婴儿时，婴儿就会出现
面部转移。我们这里讲的面部转移，是那种后来融入社会功能
的反射性表现。这样一种模式的信号功能，要视它的充分表现
而定。在这个例子里，转移的程度和速度都很容易被测量。婴
儿转脸的幅度越大，速度越快，母亲就越能猜测到他不喜欢某
样东西。这种情况适用于视觉刺激，如她的面孔或一勺讨厌的
食物。

　　处于外围监控状态的凝视和面部转移，并不是完全的回避
或逃避行为。它们接近于"意向运动"，反映出婴儿的内在动

机，表明他还可能看见并对母亲的运动做出反应，因而维持同她的互动。完全的逃避模式包括完全转开，没有视觉接触。一般情况下，这标志着互动或游戏期的结束。

低头是另一种有效的回避行为。和将脸转向一边相比，它更明确地传达出希望中断互动的意愿。这种行为立刻中止了一切视觉接触，而转头却仍无法使婴儿摆脱外围监控。对低头行为的研究，是一个很有潜力的领域。可研究的地方很多，例如低头是在什么时期发展成后来的形式（如屈从、放弃、停止活动等）。我们经常看到婴儿在放弃了同过度刺激的抗争之后，低下头，显出没精打采的样子。

我们已经讨论过，婴儿的一些头部运动属于接近模式。把头向前伸，特别是面部同时向上倾斜，对母亲有极大的吸引力。它一直被解释为是带感情的积极的接近行为。

早在三四个月大时，婴儿就能清楚地表现出混乱或矛盾的头部行为。他从一种动机模式里提取一种成分，从一种相互矛盾的模式里提取另一种成分，同第三种独特的含义相混合，产生一种混合行为。例如，当婴儿中断凝视，部分地将头转开（如45度），但又抬起头，面部向上倾斜，这一般会被母亲认为是要求抱的行为。另一方面，如果婴儿中断凝视并以同样的方式将脸扭向一边，却低下而不是抬起头和脸，这一般被解释为暂时中断。母亲将停止行为，改变接近策略后再重新开始。

面部表情

　　查尔斯·达尔文是最早的动物观察者之一，他认识到高级社会物种的生存有赖于他们相互间的交流能力，也有赖于他们为搏斗或逃跑的体格。他还最早清楚地认识到人与其他社会动物的进化关系。他断定人也得具有发送和接收生死攸关的重要的社会提示的能力。在当时，探索人是如何获得这些具有物种特定性的表达信号的，只是一个小小的进步。这些行为是天生的或是像体格特征一样是进化过程的一部分，还是后天习得的？这个问题引发了达尔文深深的思考。他意识到对人类婴儿的表达行为的观察提供了研究人类天生固有的东西的路径。查尔斯沃思和克罗伊策很好地总结了达尔文的发现以及这个领域上百年的研究。这些研究始于达尔文的理论，但直到近来都被忽视了。[1]他们得出结论，认为达尔文的重要发现仍然非常有用。特别是达尔文断言表达基本情绪——如愉快、不愉快、生

---

① Charlesworth, W. R., & Kreutzer, M. "Facial Expressions of Infants and Children," in Ekman, P. ed., *Darwin and Facial Expression*, New York: Academic Press, 1973.

气、害怕、高兴、悲哀和厌恶——的面部表情，或是生下来就
有，或是在人出生几个月后出现，反映了天生意向的逐渐显
露，这些意向几乎不受社会化的影响。关于社会化对复杂情绪
的作用，他却不那么肯定。

令近期的观察者印象颇深的是婴儿做出的大量面部表情，
这些表情与我们在成人脸上所见的表情相同，如强烈的视觉兴
趣、狡猾而机智、不合宜的幽默、厌恶和拒绝、好奇的皱眉和
严肃的微笑。然而我们应该强调的是，没有人提到出现这些表
情的婴儿经历了什么，更不用说婴儿有什么样的内部情感。

虽然这些早期的表情肯定是反射性的，需要更严格的科学
研究和归类，但是只它们的存在就令我们颇受启发。首先，关
于"天生"，这些表情的存在有力地支持了这样一种观念，即
婴儿的面部神经肌肉在婴儿出生后就具有一定的成熟度，并且
面部肌肉的运动部分地与可识别的形态整合在一起，它们在婴
儿后来的生活中成为有意义的社会线索。

关于这些早期表情的第二个问题与新生儿之间的个体差异
有关。在面部神经肌肉集成方面的个体差异从一开始就揭示了
婴儿随后关系的性质。有一项独特的研究与这个观点有关。①班

① Bennet, S. L. "Infant-Caretaker Interactions," *Journal of the American Academy of Child Psychiatry*, 1971, 10, 321-335.

尼特仔细地观察了新生儿病房保育员和被托管人在早上的日常活动。他注意到大多数婴儿都由保育员做了性格分类。保育员们相当一致地称一个婴儿为"淘气鬼"，淘气但可爱，称另一个婴儿为"天真的好姑娘"。保育员与每位婴儿间的互动在很大程度上受到他们如何看待婴儿的个性特征的影响。

即使这些观察是站在保育员一边的"成人化"的一个简单例子。保育员们对婴儿的称谓，并不是经过全面考虑后得来的。是什么个体线索促使保育员对婴儿做出了个性特征方面的猜想？班尼特论述了每位婴儿的差异与觉醒、唤醒和机敏的节奏有关。他还认为活跃期间婴儿的面部表情的差异常常成为这种常见的早期个性分类的一个重要线索。

微笑

在出生后的最初两周里，婴儿在快速眼动睡眠阶段脸上常常会出现微笑，打盹儿时也会出现。婴儿醒着时则很少微笑。这些微笑，有的一掠而过，有的时间较长，有的略显古怪——只有一个嘴角上翘，还有的十分天真。这些微笑似乎跟外界正在发生的事无关，只是神经生理兴奋周期的反映，除大脑的内部活动外，与身体其他部位的活动无关。这类微笑一直被称为内源性微笑，因为它起源于内部，与外界任何刺激都无关。[1]这类微笑也被认为是反射性的。

在婴儿长到六周和三个月之间的某个时候（这要视研究而定），微笑成了外源性的行为，由外部事件引发。不同的景象和声音都可能引发婴儿的微笑。然而，在所有的外部刺激中，人的面孔、凝视、高音调的声音和"胳肢"再次成了最能预测微笑出现的因素。因此，在内源性微笑向外源性微笑发展的过程中，它也变成了一种社会性微笑。虽然诱发微笑的刺激变了，但微笑的形态仍未改变。

大约从婴儿出生后第三个月起，婴儿的微笑又有了另一个发展性的变化，即微笑成了一种工具性行为。之所以说微笑是工具性的，是因为婴儿现在为了得到某人的反应而露出微笑，如从母亲那里得到反馈性的微笑或一句话。然而，微笑本身看起来还是一样的。

最后，在婴儿长到第四个月左右时，他的微笑变得自然、协调，能同时做出其他面部表情，出现了较复杂的表情，如带动皱眉下弯的微笑。我们需要更多研究来测定何时不同动机模

---

① Emde, R., Gaensbauer, T., & Harmon, R. "Emotional Expression in Infancy: A Biobehavioral Study," *Psychological Issues Monograph Series*, 1976, 10, 1, no, 37.

式的表情开始综合形成较复杂的、矛盾的表情。

没有婴儿的感知和认知能力的平衡发展，这些微笑的发展阶段就不可能出现。平衡发展的感知和认知能力允许婴儿在不同条件下出现相同的、熟悉的微笑，对不同的刺激做出反应，让不同的微笑服务于不同的功能。

为什么我们相信这些转变主要是先天倾向的显露呢？在不同的环境和社会条件中养育的婴儿的发展过程的相似性给这个论点提供了有力的证据。对盲童的研究给我们提供了更令人信服的证据。这些盲童没有机会去看见或模仿他人微笑，或者接收对自己发出的微笑的视觉强化和反馈。直到四到六个月，同正常儿童相比，他们的微笑都相对正常，并且有着同样的发展过程。然而，从第四到第六个月开始，盲童开始表现出一种面部表情的"衰减"，因而他们表现出的微笑也不那么迷人、有感染力了。这表明在显露先天倾向的开始阶段之后，某些视觉反馈或强化对于维持最佳的微笑行为很有必要。

总之，微笑从一种反射性活动（内部触发）发展到一种社会性反应（由人或其他外部刺激物诱发），再发展到一种工具性行为（诱发他人的社会反应），再到结合其他表情的充分调节行为。这种一般过程，虽然对面部表情来说可能是最普通的，但是对所有的表达行为来说当然不是一样的。与微笑

（smile）不同，笑（laugh）不是与生俱来的，其发展不存在一个内源性的阶段。笑最早出现在第四和第八个月之间，是对外部刺激的反应。首先，从第四到第六个月，笑最容易被触觉刺激诱发，如"胳肢"。从第七到第九个月，听觉刺激成为一种更有效的诱发刺激。从第十到第十二个月，视觉刺激则成为更有效的诱发刺激。[1]同微笑一样，笑的形式从最初出现到终身几乎没有变化。盲人也有笑，据报道由动物养大的野孩子也有笑。笑在早些时候也成为一种工具性行为。

不愉快

哭相，无论哭泣与否，是最惹人注目的不愉快表情。哭相应被看作终点行为，是表示越来越不愉快的面部表情的模式顺序中的最后一步。这个表情的发展序列是：先是脸"变严肃"，然后皱眉，接着双颊上提涨红，双眼半闭，下嘴唇颤抖，嘴唇后缩，口张开，嘴角向下。如此，哭相便形成了。在这一发展序列的早些时候，激动的杂音就已出现，但只有到临近结束时，哽噎声才会出现，真正的哭泣随哭相形成而开始。

---

[1] Sroufe, L. A., & Waters, E. "The Ontogenesis of Smiling and Laughter: A Perspective on the Organization of Development in Infancy," *Psychological Review*, 1976, 83, 173−189.

当然，婴儿可以在这一发展序列的任一点停下来。我们可以从婴儿处于这一发展序列的哪一点判断出婴儿的不愉快程度。在这一发展序列中，有几点与几个可识别的面部表情——"变严肃"、皱眉、哭相——相一致。

这些表情和整个模式化的发展序列都遵循着同微笑一样的发展过程。作为反射性活动，这些表情生来就有，特别是在睡眠时，这些表情在形态方面几乎一生保持不变。它们比微笑更早成为外源性行为。有些观察者认为，早在出生后三周，婴儿就把哭当作工具加以利用。无论如何，到第三个月，每一个表情和它们所属的整个序列就已准备就绪，作为社会性和工具性的行为帮助婴儿进行和调节同母亲的互动。

把东西整合起来

我已经分别讨论了凝视、头部运动和面部表情。虽然我们可以分别叙述或研究这些行为中的每一个，但它们在实际生活中却是一个整体，经常同时出现。更重要的是，它们被集合成了行为"包"。这些行为包是正在进行行为的单元，作为交流单元起作用。例如，当干扰性刺激出现时，婴儿可能会同时中断凝视，将脸转向一边，皱眉，做出怪相，发出惊怪的声音。

让这五种行为同时出现并不是婴儿习得的。相反，这种特殊集合本身是天生组织起来的，它是对有序行为之先天倾向的显露。用生态学的术语讲，这五种行为的每一种都可以被看作先天的运动模式。同样，它们的同时出现可以被看作更高次序的先天运动模式。

当我们谈到婴儿迷人的微笑时，很可能除了微笑之外，还有别的行为在上演。婴儿把头向前倾，抬起他的脸，但并没有中断凝视，就好像把他的头和脸对准引他微笑的人，与此同时，他的躯体紧张度明显增加，就如同做肢体运动一样（其中可能包括一个协调性较差的努力），将他的双臂伸向那人。他的双手会有节奏地握紧、松开，还会发出阵阵"咯咯笑"的声音。这种特定的集合行为不是后天学来的。

关于这些行为包或正在进行的行为单元，我有三点需要说明。第一点我已经讲过，这些集合单元同它们的组成部分一样是由先天因素决定的，它们会经历一个主要受先天倾向和组织变化影响的发展过程，极少得益于学习过程。

第二点是：这些行为包，在正在进行的行为流中，似乎作为交流的功能单元发挥作用。这些集合性的天生的运动模式对母亲（或一般成人）来说是重要的刺激，这些刺激一经接收和加工整理，就会引导她以特别的方式行动起来。在动物那里，我们可以称这种集合性的婴儿行为是天生的释放刺激。我们在这里还要再次提到微笑。如果婴儿在微笑时伴有躯体紧张和肢体运动的增加，但没有尝试抬头、偏脸和伸臂，交流的影响就会大不相同了。成人会推断婴儿也有完全相同的愉悦感，但婴儿会被看作被动的观察者，而不是朝着愉快刺激源运动的积极参与者。当然，其要点是，集合性的行为包的特定结构被感知并且也被理解为一个完型结构。但是，我们仍然不知道母亲或其他成年人自己在何等程度上倾向于去感知、理解并对这些行为包做出反应。我们的大多数研究都集中在各个分离成分的效用上，而不是它们作为整体的效用上。

　　关于这些集合行为单元的第三点是：它们也可能是更大序列的单元，那些单元构成了主要的动机主题，如接近、愉快、回避等。我们所知的进行中的行为单元，从面部"变严肃"到几个连续的单元，再到完全出现哭相，描述的是不愉快的行为模式。我们由此可以推测，这些连续的模式同组成它们的一系列单元，大部分是由先天性的因素决定的。

　　那么，很清楚的是，至少到三个月时，婴儿具备了大量的行为技能，以便吸引或摆脱看护人。他的所有行为——简单的运动模式、将这些简单模式组合成更复杂的单元的集合以及这些单元的模式化序列——都带有一种很强的先天性倾向。此外，在它们出现的早期，它们还易于受到学习过程的塑造。

在婴儿长到接近六个月时，他的社会能力已发展到令人吃惊的地步。他已准备好认识和参与人类世界。在这最初的六个月里，作为一对搭档，婴儿和他的母亲运用了各自的行为技能，形成了各自的互动风格和配合方式。

第四章

从实验室到现实生活

在上一章，我们讨论了处于学习人类世界第一阶段的婴儿。此前我们还讨论了母亲如何有效地为处于这一阶段的婴儿创造一个充满人类刺激的世界。这些母婴间的互动是如何起作用，并如何导致了兴趣、愉快、厌倦以及一段关系的？每个参与者的行为单元是如何形成引发他们之间的互动的模式化动作的？

要回答这些问题，我们要考虑几个实验结果和假设，它们提供了思考互动模式的方法。许多研究结果是在实验室里产生的，或者至少是在实验操纵情境下产生的。在这一点上，与我十分依赖的自然观察相比，实验情境让科学家有了更多的自由与掌控。他们有了超越自然情境呈现的一系列杂乱事件的自由，能够自由地创造新的或非自然的情境，批判性地检验不同的假设，使之适用于更广的情境。然而，实验方法的一个不利之处是：正如大多数母亲和临床医师知道的那样，对看护人和婴儿之间的互动有潜在重要意义的许多实验结果太偏离自然情境，以至于不能得到应用。

如果我们能够认识到，尽管日常情境下的母婴互动同实验室活动相比非常混乱，但是母亲在自然情境下对婴儿做出的任何行为都必须被看作婴儿遇到的刺激性事件或对他的反应，并且这与婴儿在实验室情境下遇到的刺激并没有什么不同，那么把实验室情境下的活动与自然情境联系起来的任务将会容易一些。母亲和婴儿的行为在本质上有着不同参数——如紧张度、复杂度和新颖度——的刺激。这些行为会延续一定的时间，其间有停顿（刺激间隔）。为了重新形成整体观点，我们常常有必要变得"机械主义"。

婴儿是主动的刺激寻求者

如今，这种论点既不令人惊奇，也不会引起争论。事实上，它已成为思考婴儿行为的公认的重要起点。大多数早期理论与这个观念背道而驰。婴儿被认为需要外界的保护，至多被看作刺激的被动接受者。弗洛伊德那影响深远的推测和这种看法基本一致，却又有一些引发争论的附加假设。他推测刺激的出现会引发个体的兴奋，被体验为不愉快的经历，而兴奋的释放则被体验为令人愉快的经历。后面我们将再谈到这个观点。而现在，我们暂且把它看作认为婴儿并不是主动地、愉快地寻求刺激的早期假设的代表。

在过去儿十年里，来自各方面的证据表明，婴儿从出生起就会寻求甚至努力地寻求刺激。事实上，和饥饿不同，对刺激的寻求目前已被看作一种内驱力或动机倾向。正如身体生长需要食物一样，刺激可给大脑提供感知、认知和感觉运动过程的成熟所需的"原料"。婴儿具有寻找并得到这种"大脑食物"的倾向。

我们必须区分婴儿寻求的两种不同类型的刺激，感官刺激与认知刺激。感官刺激可能是声音的响度或音调，或者一种视觉形象的强度或复杂性。另一方面，认知刺激之所以有刺激性，是因为它们的内容与相关事物有一定的联系（如一种预期刺激的心理图像）。对认知刺激与相关事物之间的关系评价会引发各种各样的心理活动。例如，婴儿连续多次听到几声巨响，接着听到一个较轻的声响，较轻的声响就会给他提供一个不易感觉到的刺激。然而，较轻的声响会使他的认知刺激有所增长，因为他会马上鉴别并且将新刺激与先前的刺激加以比较。这种比较并不总是很明显。有些刺激，特别是在生命早期就出现的刺激，可以被解释为仅仅是感知性的或感官性的。然而，尽管认知刺激可能是最重要的刺激，但是所有认知刺激都得通过感受器才能进入大脑，因而必然产生某种感官刺激。

这种区别对我们来说非常重要，因为在某种程度上它标志着智力活动的开始。在婴儿长到大约三个月大时，许多看护人的刺激活动所提供的认知刺激开始变得更加突出。婴儿变得更像一个认知动物，而不是感官动物。在第三个月里，婴儿没有出现明显的变化。变化是相当缓慢的。

也许毫不奇怪，婴儿要寻求刺激并且需要刺激，以促进他的感官和感知过程的成熟。更令人吃惊的发现是，我们对于婴儿行为的解释要求我们从婴儿出生第一周起就把婴儿看作可以进行认知操作的有机体。用皮亚杰的话说，婴儿从一开始就积极地把智力活动用于对环境刺激的"努力吸收"，形成对外部世界的内部图式。杰罗姆·布鲁纳最近重申了这种意见，指出婴儿精神生活的主要意向是"假设形成和假设检验的积极过程"。①主动的刺激寻求是好奇心的雏形。那种强烈的意向越来越被看作人和其他动物生存和适应的重要力量。

尽管毫无疑问，婴儿是一个刺激寻求者，但是他对刺激的寻求并不是毫无选择的，或没有内在的防护措施。他会避免摄入过多的刺激，也会避免不得不对周围所有活动——无论多么

---

① Bruner, J. S. "The Ontogenesis of Speech Acts," *Journal of Child Language*, 1975, 2, 1–19.

无关紧要或令人厌烦——做出反应的情况发生。

<h2 style="text-align:center">刺激和注意力</h2>

刺激程度

　　许多不同的研究人员的研究结果都指向了婴儿注意力和刺激水平之间的关系。[①]如果刺激水平太低，那么即使婴儿意识到了它的存在，他也几乎不会去注意它，或者如果他注意到它，也会很快失去兴趣。如果刺激水平太高，婴儿会回避它，转过身去或者哭起来（寻求帮助，让人除掉它）。当刺激水平比较适中，介于两个极端之间时，婴儿的注意力就很容易被刺激抓住并维持下去。在适当的范围内，随着刺激水平的增加，婴儿的注意力会维持更久，上升到某个最令人满意的水平，此时若刺激水平继续增加，婴儿的注意力便会下降。这种情况如图2所示。

---

　　①　Yerkes, R. M., & Dodson, J. D. "The Relation of Strength of Stimulus to Rapidity of Habit-Formation," *Journal of Comparative. Neurology and Psychology*, 1908, 18, 458-482.

　　Kagan, J., & Lewis, M. "Studies on Attention in the Human Infant," *Merrill-Palmer Quarterly*, 1965, 95-127.

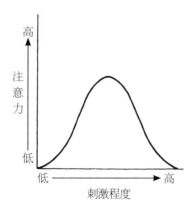

图2 注意力与刺激程度之间的关系

　　这种一般趋势适用于组成刺激的所有参数，比如强度、复杂性、对比度、变化率、新颖度等。它还适用于各种形式的刺激，比如视觉的、听觉的、触觉的、动觉的刺激。每种刺激形式的每个特别参数都会有自己的特殊曲线。曲线可能会在临近低端或接近高端时达到制高点，它可能会更陡峭或更平滑。此外，在刻度表上的位置和形状对每一种刺激成分来说都有自己的发展过程。例如，能维持一个月大的婴儿的最佳注意力的视觉图像的复杂程度对于三个月大的婴儿来说就太低了。而被认为在明暗度上适中的同一幅图像，对一个月大的婴儿和三个月大的婴儿来说则完全一样。

　　我们的概括涵盖了不同参数以不同形式提供的个案以及它们的历史。实际上，在这一点上，我们应该回过头去重新标注

图1。在横坐标上，除了表明刺激从低到高的强度外，我们可以分开并详细说明刺激的其他参数，比如对比度、复杂性等，为每一个参数画一条曲线。实际上，要想获得更全面的关于这种情况的知识，我们应该绘制所有重要刺激参数的发展曲线。

　　然而，这里存在一个严重的问题。关于图上所画的理论曲线的概括和说明，与我们实际观察到的情况并不一致。关于婴儿对不断增长的刺激强度的反应的实际观察强有力地表明，当刺激的强度超过了婴儿的感觉阈限的上限时，婴儿会迅速地"关闭"刺激——突然转移视线，迅速将脸转开，出现明显的退缩。因此，当刺激的强度逐渐提高时，婴儿的注意力并不会逐渐下降。但是，当超过了某种可容忍的感觉限度时，婴儿的注意力会急剧下降，就好像婴儿不能忍受超过这个强度的刺激，于是"关闭"了注意。如图3所示。

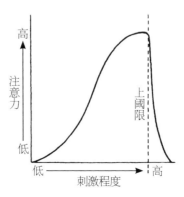

图3　婴儿的注意力与看护人提供的刺激的程度之间的关系

反复刺激

到目前为止，我们讨论了刺激和注意力的变化水平。那么，那些充斥于我们和婴儿的日常生活中的声音和景象又是怎样的呢？这个庞大的领域包括我们称作背景刺激物的那类刺激。虽然我们"想让"婴儿对环境（或看护人）有高度的反应，我们还想让那种反应是有选择的。我们不想让他如此受制于刺激，以致对生活的背景信息——时钟的嘀嗒声或过往汽车的响声——持续地保持极强的反应力。他得通过某种办法学会排除背景响声，对随之而来的新的、发生改变的、显著的刺激保持灵敏。

婴儿具有完成这种工作的方法。当婴儿被重复地给予相同的刺激时，他将对这种连续的刺激做出越来越少的反应。这被称为习惯化。更准确地说，习惯化是对重复不变的刺激的连续缩减反应。反应下降不是由于疲劳。三个月大的婴儿即能够表现出这种习惯化的倾向。举个例子来说，每天在纽约的地铁里，我观察到各个年龄段的婴儿看起来都能排除列车停车和启动时有节奏的轰鸣声和突然发出的震动声，以保持睡眠或者对和他们在一起的人保持一定的社会性注意。

我将详细地描述一个普通的习惯化实验是怎样完成的。这

个操纵刺激呈现的过程为自然情境下婴儿诱发母亲行为的过程
提供了很好的参照标准。在一个视觉习惯化实验中，研究者把
婴儿安放在一个婴儿座位上，并让他看一幅图画或某种东西的
图像，如靶心模型。这种视觉刺激物通常呈现大约三十秒。研
究人员会计算在这三十秒的呈现时间里婴儿看刺激目标的时间
和次数。（除了测定视觉注意力，研究者还可以观察和记录其
他行为，如面部表情、身体运动，或者还可以记录心率变化和
其他生理变化。）

　　之后研究者会把靶心模型移开，制造一个大约也是三十秒
的"刺激间隔"。随后研究者把同一个靶心模型展示给婴儿
三十秒，记录婴儿的反应。这一种实验操作重复大约六次。每
次重复，婴儿的注意力就衰退一点，并且他看向靶心模型的时
间越来越少。然而，在第七次时，研究者展示了一个新的刺激
物——一张棋盘图而不是旧的靶心模型。由于新的刺激物的出
现，婴儿很快恢复了兴趣，他的注意程度与第一个刺激物（靶
心模型）首次展示时一样高。

　　将第二个刺激物引入实验很重要，因为它证明了婴儿并没
有因为疲劳或其他表示神经能力损失的过程而失去对外界刺激
物的反应能力。他只是对旧东西的重复变得"厌倦"。图4是根

据卡根和刘易斯的研究绘制的一个简图[①]，它表示的是婴儿分别注意第一个刺激物（S_1）六次的时间和注意第七次展示的新刺激物（S_2）的时间。

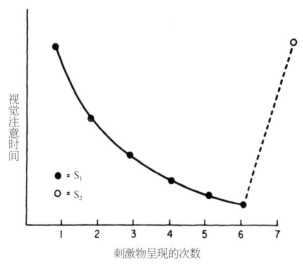

视觉注意时间

● = S_1
○ = S_2

刺激物呈现的次数

图4　同一刺激物（S_1）重复呈现，视觉注意力持续下降；
当新刺激物（S_2）呈现时，视觉注意力"反弹"

这些简单的实验，对于我们理解在母婴关系中什么是有效的刺激以及在日常生活中怎样才能吸引和维持住婴儿的兴趣，

---

① Lewis, M., Goldberg, S., & Campbell, H. "A Developmental Study of Learning Within the First Three Years of Life: Response Decrement to a Redundant Signal," *Society for Research in Child Development Monographs*, 1969, 34, 9, No. 133.

具有深远的意义。首先，正如刘易斯描述的那样，婴儿要变得厌倦，他得在三十秒的间隙中以某种方式"知道"或"记住"刺激物的性质，否则他不可能有"哦，又来了"的反应。其次，要让任何刺激物"起作用"，我们就不能一再重复它。母亲不能连续六次做完全相同的事情，还心存侥幸，希望做的事情对婴儿起效。作为向婴儿发出的刺激，她的行为一定要不断地变化，以维持婴儿同样程度的注意力。她必须变化，不能老是用一种方法。

从感官刺激到认知刺激

到目前为止，我们主要讨论了婴儿对感官刺激的反应，这种反应通过注意力反映出来。在长到三个月大的时候，婴儿开始参与、评价和从认知上应对刺激物的特定内容。刺激量或它的任何一种物理参数，再也不像刺激物的有意义的内容和其他参照物之间的关系那样有效了。例如，面孔在吸引婴儿注意力方面的效果，不再取决于其复杂程度、明暗对比、角的数目等其他刺激维度，而取决于当前呈现的面孔与婴儿关于已知面孔的内在图式之间的相异或相同程度。

在这种变化中，习惯化现象代表了一个中间点。你可以假设，在见过几次某个刺激物之后，婴儿形成了它的图式，以至于三十秒后，当他再次见到它时，他的反应是"哦，又是它"，好像他正准备将它的图式同下一个刺激物进行比较。如果是这样，我们可以说刺激不仅来自刺激物本身的特征，也来自它同婴儿形成的图式的关系。

最新的证据支持了这种观点：大约在出生后第三个月（如果不是在这以前的话），婴儿开始在他的内心世界里建构物体、事件和人的图式。这种内在的心理"图像"给予他一种期望，一个东西看起来应该像什么，或闻起来像什么，或听起来像什么。如果婴儿遇上一个物体，该物体与他关于这个物体的图式有些不同，比如说包含一种新的成分，那么在实际刺激物和这个图式之间就会出现一种不吻合的情况。不吻合的程度被称为差异度。[1]这就好像婴儿试图计算出所呈现的物体是否真的相同或不同于他对它的期望那样。一个刺激物是否能对婴儿起效现在主要取决于刺激物和图式之间的不匹配，而不是刺激物本身的物理特征。婴儿对呈现在面前的刺激物与内在图式是否匹配的持续评价将强化图式的建立并继续扩大它们的范围。

差异度本身成了产生和维持注意力的刺激源。基于这一

---

[1]　Kagan, J. "Stimulus –Schema Discrepancy and Attention in the Infant," *Journal of Experimental Child Psychology*, 1967, 5, 381–390.

点，卡根和其他人进一步指出，在差异度（认知刺激）和注意力之间一定有某种可预期的关系。正如我们所看到的那样，感知刺激的程度和注意力之间的关系（图3）基本上类似于认知刺激的程度（差异度）和注意力之间的关系。较小的差异度提供较小的刺激，引发较低的注意程度。不断增长的差异度不断地吸引更多注意力，直到某个最大限度，超过这个限度，婴儿会发现这种体验并不愉快并回避它。当差异度大大超过某一限度时，我们猜测，刺激物和它的图式之间的差异已经被过度伸展，以致超过了它的临界点。因此婴儿看不出刺激物与他所期盼之物的图式有什么关系，他便没有理由去作匹配—不匹配的评价，并且像对待完全新颖的物体那样去对待差异度过大的刺激物。

兴奋

术语

"兴奋"这个词在当今科学文献中有多个名字。"激活""唤醒"和"紧张"是最为流行的，它们每一个都有其历史内涵、理论观点和启发价值。我选用"兴奋"这个术语有几个理由。首先，对这些词语的性质，它们所指的现象以及它们作为有用的工作概念的价值，目前有许多评价。①因此，当它们被用于婴儿研究领域时，没有哪个单独的词语能获取当前思想的共识。然而，它们都涉及一个有关婴儿心理状态的非常需要的概念，这个概念指向婴儿内在处理强度的维度和活动的程度，它们反应在婴儿的外在行为，或许是婴儿的主观经历中。兴奋是一个更加口语化的词语，它很容易抓住大家的外在行为和主观经历的共同体验，这种体验伴随着内部神经学和神经生理学过程。

兴奋与注意力

兴奋程度的起伏可以由内部或外部活动引起。在睡眠时，我们假定没有值得注意的外部刺激，此时婴儿和成人都经历了一个内部状态的节奏变化。在快速眼动睡眠阶段，"选择性的活动"制造了内源性的微笑和其他面部表情，以及心跳和呼吸等生理活动方面的无规律现象。在深度睡眠中，婴儿会出现较有规律的身体活动。这些有规律的变化，反映在大脑活动的节奏变化和释放模式中。这种兴奋的起伏不需要任何关注过程，

① Lacey, J. I. "Somatic Response Patterning and Stress: Some Versions of Activation Theory," *American Handbook of Psychiatry*, Vol. 4, New York: Basic Books, 1974.

都来自内部。

在出生后的最初几周里，婴儿看起来似醒非醒。他交替体验昏睡、警觉不活动（alert inactivity）、警觉活动（alert activity）的状态，偶尔也会进入惊哭（fuss-cry）状态。这些状态就像睡眠状态一样，主要由大脑内部释放模式的持续的周期性变化决定。每种状态下的兴奋程度都不同。

但外部的活动不再与此无关，注意力变得越来越重要了。尽管这些状态的循环周期仍主要由内部大脑活动决定，但外部刺激可以延长或结束一种状态，或使婴儿进入一种更高级的状态，比如惊哭状态，或使他"下降"，引他进入昏睡状态。婴儿对外部刺激的注意能力开始在决定他的内部兴奋状态方面发挥更重要的作用。这种情况在婴儿处于警觉不活动状态，即当婴儿看起来是警觉的却没有身体和四肢活动时，尤为如此。在警觉不活动状态下，婴儿对外部刺激格外敏感，把更多的时间用于看和追寻直观物体和声音。从某种意义上讲，他的注意能力极大地受着内部大脑兴奋的模式和程度以及他所处的"状态"的影响。就这一点而言，注意力是内部大脑兴奋的"辅助物"。当然，这种辅助物并非没有效力。举个例子来说，当婴儿已经处于警觉不活动状态时，无论何种外部刺激引起了他的注意，这种外部刺激都会影响婴儿的兴奋程度。

到婴儿出生后的第三个月，这种情况早已取得平衡，甚至出现反转。现在，在一定范围内，婴儿的兴奋程度主要受制于婴儿的注意力。婴儿现在能维持一个相当长的内部状态，使他能够在相当长的一段时间（十五分钟以上，有时甚至更长）内保持注意力并对环境做出反应。就是在这段时间里，非常有趣的社会互动发生了。他的兴奋程度主要受传入刺激的影响。这种感知输入主要由他的注意过程决定，不能脱离内部神经生理状态和兴奋的调节。[①]婴儿对注意力的控制使他能够对刺激输入进行控制，进而对内部兴奋状态进行控制。正如我们所见，这对视觉刺激来说尤为如此。他的调节能力或控制其他形式的感知输入的能力还不够完善。（婴儿如何以及在何种程度上排除听觉、触觉和动觉刺激的干扰是一个耐人寻味的问题，后面我们将要谈到这一点。）

兴奋与刺激

我们所描述的刺激和注意力之间的一般关系，适用于大多

[①] McCall, R. B., & Kagan, J. "Attention in the Infant: Effects of Complexity, Contour, Perimeter, and Familiarity," *Child Development*, 1967, 38, 939–952.

Stechler, G., Carpenter, G. "A Viewpoint on Early-Affective Development," in Hellmuth, J. ed., *The Exceptional Infant*, vol. 1, Seattle: Special Child Publications, 1967.

数刺激与兴奋之间的关系。低水平的刺激产生低水平的兴奋。随着刺激程度的增长，兴奋程度也会增长。然而当高水平的刺激出现时，婴儿可能会突然"切断"自己的注意力，拒绝接收刺激，使得兴奋状态消退。在这些情况下，婴儿能够立即转移注意力。然而兴奋之中好像有更大的能量，需要更长的时间才能减弱，也需要更长的时间才能出现。当婴儿的注意力最初被捕获时，直到对新刺激物的"评估"结束很久以后，他的兴奋度才会归零。当刺激的强度非常大时，婴儿的兴奋程度就会达到很高的程度。在这个时候，像不可控制的哭泣、恸哭、手脚乱舞这类情况就可能出现并持续一段时间。除了疲劳之外，还没有什么自我调节机制可以使这种高度的兴奋停下来。

　　在关于兴奋的研究领域，感官刺激和认知刺激之间的区别十分微妙。"挠痒痒"就是一个很好的例子。母亲越是起劲地给婴儿挠痒痒，婴儿的兴奋度就越高。这种刺激，显然属于感官刺激。然而，几个月以后，兴奋的来源开始变成知道或不知道挠痒痒会在什么时候开始。我们在一个完整的游戏中也能看到这种情况。在完整的游戏中，两种不同的刺激同时出现（以提高兴奋的程度），既有由挠痒痒这种行为产生的感官刺激带来的兴奋，又有由制造期望和违背期望产生的认知刺激带来的兴奋。

情感

情感的发展既引起了研究人类行为的学者的兴趣，又使他们感到困惑不解。情感最重要的方面是它的愉快或不愉快及其他主观感受。有些主观感受是观察不到的，甚至无法直接在不会说话的婴儿身上观察到。我们只能从外显行为来推断它们的存在。外显行为是情感状态的反映。

大多数情感研究是对反映主观状态的外在行为的观察或实验室研究，或是对有关情感的主观方面的较有哲学和心理玄学性质的研究。奇怪的是，我们对人类感知、认知和运动技能的探求和理解，胜过了我们对情感的理解。没有情感的生活与没有认知的生活一样令人难以想象。此外，精神失常通常伴随着情感失常，当然也有认知和感知失常。然而只是在最近这段时间，研究者才又产生了对这个重要领域的兴趣。

为了解决这个问题，我们首先需要了解弗洛伊德对情感的重要解释。他提出，所有的刺激都会引起机体内部的紧张或兴奋，这必然是一种不愉快的体验。因此，婴儿希望释放这种紧张感，获得愉快的体验。弗洛伊德的模式有几个问题。首先，婴儿会积极地寻求刺激；其次，兴奋的出现很显然是令人愉快的。弗洛伊德还假定，进入系统的刺激能量会转换成一定的紧张能量，得到释放。我们现在知道，刺激并不像存在于一个封

闭系统的能量那样，被释放出来，以获得系统平衡。在婴儿的
成长过程中，他接受到越来越多的刺激。最后，能带来愉悦感
的刺激的消失是一种令人厌恶的体验。

乍一看，我们好像完全拆解了弗洛伊德的模式，但情况并
非如此。我们从弗洛伊德的模式中挖掘出的核心观点是：情感
与刺激的出现和消失有关。弗洛伊德走了极端，他认为刺激的
出现会带给个体全然的不愉快体验，刺激的消失带来的则是纯
粹的愉快体验。斯鲁菲把有关刺激的出现与消失的四个不同例
子联系在一起。第一个例子是新生儿的快速眼动睡眠。埃姆德
和其他人的工作表明，在快速眼动睡眠阶段，较为原始的大脑
皮层下部有节奏地放电，由此形成神经兴奋的升降周期。当兴
奋度的升降超过或低于一个假定的限度时，睡梦中的新生儿的
内源性微笑就会出现。第二个例子针对的是与外部刺激相关的
清醒状态下的有机体。伯林纳提出"唤醒锯齿"这一概念，认
为个体要产生情感体验，就需要体验到兴奋程度的突然升降。[1]
第三个例子与婴儿接触和已有图式不匹配的认知刺激有关。卡
根提出，当婴儿在加工刺激物和图式之间的不匹配时，他的紧
张感会上升，直到他同化了刺激物，即解决了这个问题，紧张

---

[1]　Berlyne, D. E. "Laughter, Humor and Play," in Lindzey, G. and Aronson, A. eds., *Handbook of Social Psychology*, vol.3, Boston: Addison-Wesley, 1969.

感才会消散，发出微笑。①第四个例子来自斯鲁菲对婴儿笑声的研究。他发现要使婴儿微笑，某个声音刺激必须能够带来一种明显的"紧张感的波动"。紧张感的陡增和突然恢复最能引发婴儿的笑声。

问题仍然存在：婴儿产生愉快或不愉快的体验是否完全受制于兴奋的上升或下降？弗洛伊德很肯定，紧张感的出现是令人讨厌的，只有紧张感的消失才是令人愉快的。卡根提出，认知刺激引发的紧张感是否令人感到不快，在情感上是不确定的。当紧张感的消失是由成功同化引起时，个体就会产生积极的情感；当紧张感的消失是由同化失败和刺激回避引起时，个体就会产生消极的情感。斯鲁菲坚持认为，兴奋感的出现从情感上讲既可以是愉快的，又可以是不愉快的，或是中性的，这要视当时的情况和刺激发生的前后关系而定。同样，兴奋感的消失，从情感上讲也可能是愉快的或不愉快的，这也要视婴儿接受刺激的性质和接受刺激的环境而定。

按照某些标准，凡能维持或重复的活动都可被认为是令人愉快的。在刺激刚出现时，婴儿发现刺激能维持注意力，也使兴奋感上升。这个事实证明，刺激的出现是令人愉快的，即使

---

① Kagan, J. *Change and Continuity in Infancy*, New York: Wiley, 1971.

不足以引发微笑。这间接地说明，如果你想看到一条由刺激的出现和消失形成的陡峭的曲线，这个刺激要对婴儿有足够的吸引力并能维持婴儿的注意力。

到目前为止，我避而未谈的是什么决定了情感的发展方向。哪种现象或模式会引起愉悦感，哪种会引起相反的情感？我们并不知道。显然，太强烈、太不一致或者出现太快、强度变化太大的刺激会带给个体厌恶的体验。"理想"的刺激，如挠痒痒或突然播放歌曲可能会使婴儿微笑或尖叫，这要视一些我们还不清楚的复杂因素而定。当然，它们包括婴儿的状况、情感的色彩以及趋势方向、处境和前后关系，包括此种活动过去的历史，以及其他如饥饿和觉醒状态这类节律系统的状况。情感仍然是个谜，但至少我们开始明白它与刺激、注意力和兴奋的关系。

家庭的刺激范畴

大多数来自实验室的刺激和来自家庭的刺激之间的主要区别之一是：来自家庭的刺激是由看护人提供的，因此更为不同和多变。在家里，刺激几乎只有母亲以及她的行为。母亲的脸、声音或者身体几乎是不断变化的，并且这些变化常常是显著的。由于这种原因，我们很难谈论母亲的任何表情、声音或者行为的刺激水平。然而，我们在研究较为静态、稳定的实验室行为中获得的结论，对我们理解母亲提供的高度变化的活动十分有用。我们面对的现实是，几乎所有由婴儿诱发的社会行为都处于动态变化之中。这是这些行为的优点。为了使动态的刺激物对注意力和兴奋感的影响概念化，我们就得研究那些刺激的水平是如何随时间变化的。几乎任何由婴儿诱发的社会行为都是合适的例子。我们可以从研究惊喜表情开始。我们可以用图表体现惊喜表情这一刺激上升和下降的水平，如图5所示。

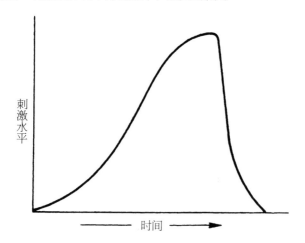

图5　刺激水平在刺激呈现期间的变化情况

表情的充分呈现在实验室情境下和刺激的水平是一致的。如果我们接收的刺激是婴儿发出的"嗨……呀……"声，而不是一个视觉刺激，我们可以画一条相应的曲线，其形状将能够反映响度和音调的变化。当我们以这种方式看待母亲的行为时，我们在实验室条件下得出的关于（感知或认知）刺激和注意、兴奋之间的关系，将能够适用于日常情境。在这样一个母性行为中，随着刺激水平的上升和下降，婴儿的注意力和兴奋也会增长和降低。

尽管每个刺激都有自己的"局部史"，它和它的局部史并不能脱离先前出现的刺激而单独发生。我们必须考虑这类刺激的水平及其引发的兴奋的水平。这里也存在可容忍的刺激水平的上限。当刺激水平在这个限度内的刺激突然出现时，婴儿可能会觉得无法忍受。因为如果它以更高的刺激度为背景发生，此时它会把兴奋度"推"到超过上阈限。

我们已经讨论了母亲如何在进行某个行为时调节这个行为的刺激水平。在此基础上，接下来我们便可以更好地理解母亲如何引发和调节婴儿的情感。我们可以重新绘制图5，以便说明母亲调节婴儿充分表露惊喜表情的两种不同方法（图6）。在2号曲线上，我们看到了刺激水平急速上升，突然中断，然后急速下降。根据2号曲线的走势，我们猜测婴儿会出现微笑，而根据1号曲线的走势，我们推测婴儿的注意力保持得最久。

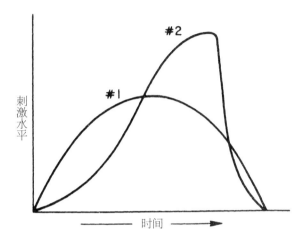

图6　刺激水平在刺激呈现期间变化的两种方式

　　母亲被婴儿诱发的行为的高度灵活性使她能够潜在地控制婴儿的注意力、兴奋程度和情感。之所以说是"潜在地"，是因为婴儿方面还有很多影响因素。

　　来自实验室和来自家庭的刺激的第二个主要区别和我们如何给刺激下定义有关。正如我们所见，在实验室情境下，这个任务相对容易。刺激既可以是复杂的活动，又可以是简单的活动。在日常情境下，这个任务就不容易了。我们感兴趣的刺激常常是不同刺激的大杂烩。在这里，首要的任务就是发现这种大杂烩是作为整体的刺激存在的。一旦母亲行为中可识别的规律被看作重复的刺激单元，我们就会发现有关习惯化和产生与预期背离的结论也适用于作为刺激存在的母性行为。

我们现在可以将话题转到实际的婴儿与看护者的互动上来，并以目前的研究结果和理论为背景去探索它的目的、结构和功能。

第五章

走向何方

面对面的游戏互动的直接目的是开心、感到有趣和快乐、与他人在一起。在母亲和婴儿的纯社会性游戏的延伸中，没有什么任务需要完成，没有喂奶、换衣或者洗浴等安排。甚至没有什么东西需要传授。事实上，如果这种任务是向婴儿传授什么东西，他不可能知道什么游戏体验会让他学什么。我们在做人之常事，完全是人际"互动"，心中没有目标，只是与别人在一起，喜欢别人。

对这种看起来无益的努力的重要性，无论怎么强调都不过分。我们心里都承认，婴儿最初的、原始的关注和喜爱是指向他的主要看护人的。但这是一种什么关系？它是如何建立的？婴儿首先得学会与人相处，创造并共享在此之上建立关系的体验。除了喂养和温暖的满足，这些体验包括共同创造愉快、高兴、好奇、激动、敬畏、害怕、厌烦、惊奇、祥和的时刻以及其他促进友谊和爱的体验。

开心之所以被认为是游戏的直接目的，有两个理由。首先，如果你要问一些母亲为什么同婴儿游戏，大多数母亲会这样回答："不知道，我们通常很开心。"实际上，那就是她的主观体验和关于这一点的主观意识。第二个理由更具概念性、更实际。有趣和快乐这两个词"捕捉"到了观察者对游戏的理解。此外，这些词很容易被转换成我们正在探索的心理学术语和概念：刺激、注意力、兴奋和情感。一经转换，兴趣和快乐就更类似于我们为了更全面地理解社会性游戏所需执行的实验或理论策略。

提到兴趣和快乐，我是指主体和客体相互提供一项注意力能够被吸引，并且维持足够的时间让可忍受范围内的兴奋建立和波动的活动，以产生富有情感的、积极的体验。这可能说得有点"兜圈子"，但这就是我们的科学的现状。两个参与者都必须调节刺激活动的质量、数量和时间，使注意力、兴奋和情感能在自己最理想的范围内上升和下降。

正如我们所见，要让它们保持在最理想的范围，刺激活动不能太弱或太强、太简单或太复杂、太熟悉或太新颖。连续的活动不能过分重复，否则将会失去婴儿的注意力，使他的兴奋降至理想范围之下，婴儿的情感变得中立。另一方面，连续的刺激也不能差别太大，否则婴儿将不能识别。这听起来就像是一条艰难而狭窄的小道，需要精确的导航，在途中的每个时刻都需要有意识地、仔细地计算。幸运的是，它的反面更接近真理。它要求母亲不带其他任何想法，只想同婴儿在一起玩得开心，婴儿也要有寻求开心的心情。

事实证明我们是爱玩的动物。我们什么东西都"玩"，包括我们自己的行为。我们发现，"玩"我们的声音、脸和动作非常有趣。简单改变、组合自己的动作就会带给我们很大的愉快感。歌唱、哑剧和舞蹈很可能就是这种加工过程的文化仪式。面对一个乐意游戏的婴儿，母亲几乎无法抗拒通过"玩"自己的行为来同婴儿游戏。

开心，即在游戏中获得快乐感觉，是一个关键概念，因为它改变我们的行为方式和行为结果。一个看护者通过为婴儿"演奏"自己的声音、脸、头和身体，并把这些协调地结合起来，让婴儿产生了活跃的情感。她将提供最佳程度的刺激。事实上，和一般环境中的其他刺激源相比，婴儿天生更喜爱这些刺激。如果母亲玩得很开心，她将会出现大量主要由婴儿诱发的社会行为。这些行为是由长期进化预先设定好的，对婴儿来说是世上最好的"声光表演"。如果她玩得不开心却假装很开心，只是机械地做一些动作，她和婴儿就不会处于最佳状态，游戏的持续时间就会比平常短，根本不会吸引婴儿做出一些类似"舞蹈"动作的回应。

如果婴儿玩得开心，也就是说母亲的行为很有趣，能吸引住他的注意力，改变他的兴奋度，令他产生愉快的情感经历，那么他就会通过微笑、凝视、"咕咕叫"表明他有兴趣，并感到快乐。母亲会深感满意，并积极增强这些行为。她会试图维持婴儿的注意力和兴奋度。婴儿会做出富有情感的表情，这反过来促使母亲进一步提供那些维持婴儿最佳反应的刺激。一个相互反馈系统开始起作用了。母亲要把自己提供的刺激调节到适合婴儿的最佳水平。母亲和婴儿都朝着同一个目标，即维持最佳刺激水平。这符合双方都有兴趣和感到快乐的经历，也符合舞蹈模式中的互相配合的经历。

"最佳水平"的说法有助于我们考虑互动的直接目的。母婴双方都能调节影响婴儿的有效刺激水平，因此如果刺激水平超过或低于某个水平，母婴双方可以共同努力，将刺激水平调节到最佳水平。保持固定的刺激水平是相互反馈系统的设定目标，这种观念当然有违母婴共享的实际系统的灵活性和流动性。我将这种系统比作家里的恒温器：当温度超过华氏70度时，不再产生热量；当温度低于华氏60度时，开始制造热量。母亲和婴儿"商定"了一个系统，这个系统允许他们不断改变他们商定的绝对刺激水平和超限范围。大多数游戏过程都包括了兴奋期，偶尔也有狂欢期，然后，在下一次游戏开始前，是一个更宁静的阶段。确切的过程是不可预言的，而且一天天在变化。无论如何，我们可以认为最佳刺激水平是不断变化的。

下一个重要的问题是：母婴双方如何就目标的性质和地位达成一致意见，他们每个人是如何调节朝着目标迈进的步伐的。有必要强调的是，我讲的是面对面游戏的直接的或瞬间的目标。这个目标允许我们提出这样的问题：为什么母亲要做婴儿刚做过的动作？相互反馈这个概念允许我将这些问题概念化。

乍一看，认为游戏和玩得开心在母婴间的社会互动中具有重要作用的观点似乎缺乏远见。我们在哪里可能观察到爱婴儿、照看婴儿并与婴儿融为一体的现象？这些是母亲在内心深处感到的强有力的动机，我们几乎没有接触过并且也不知道如何去感受它们。如果母亲没有这些较深层次的动机以及伴随它们的长远目标的激励，当然就不会有面对面的游戏出现。仍然存在的问题是：如果母亲爱婴儿，感到有照顾婴儿的必要，并且同婴儿融为一体，那么当他们面对面地坐着时，又会发生什么呢？这些动机将会转化成什么行为？你如何爱你的婴儿才会让他产生一种社会互动的需求？正是在这里，游戏和玩得开心开始起作用，它们已经是一组有效的、相当合适的人类行为，它们将长远动机转化成行为，这些行为构成了互动，并给整个过程提供了准则。

"混乱"的美德

　　没有人能对婴儿的所有行为都极端敏感并迅速做出相应的反应，没有这样理想的看护人。由于社会互动的性质，这样的人和这样的情形是难以想象的。母亲和婴儿都处于不断的变化中，他们都试图调整自己的行为，以求相互适应。母亲为婴儿提供的刺激的水平和婴儿的注意水平、兴奋水平和情感强度不断下降，会使双方失去兴趣，而不断上升则会使双方产生厌恶感，进而终止游戏。在这两种情况下，母亲和婴儿能够重新调整他们的行为，使刺激水平回到最佳水平，然后再次波动，再次超越边界。这就是目标修正系统的特征。大部分游戏时间被用于超越和再超越上、下边界和回到最佳刺激水平。

　　"混乱"的美德很简单。所谓混乱，我的意思是母亲比平常更频繁地超越婴儿可容忍的刺激边界。首先，只有当边界被超越时，婴儿才不得不采取措施或适应地调整以修正或回避当前的处境，或向母亲发出信号，改变刺激环境。婴儿就像其他人一样，需要在略有变化的条件下不断练习自己的行为，从而发展出高度适应的行为。其次，除非母亲频频超越边界，否则她将不可能帮助婴儿扩展他对刺激的忍耐范围。

　　从这种观点来看，游戏中断、游戏顺利、坏心情、好心情、走过场、假装行为、过度反应等，这些才是真实生活所需的全部，它们能帮助婴儿获得参与社会互动所需的人际技能。

第六章

结构与计时

一段时间的社会互动是我们所关心的最大活动单元。我们通常称之为游戏期，因为它们在本质上涉及只限于运用社会行为的游戏的早期形式。我所说的游戏期，只是指一段有限的时间，无论在什么地方，从几秒钟到几分钟。此时，一方或双方都把注意力集中在对方的社会行为上，并用自己的社会行为对其做出反应。在生活的最初六个月里，这些游戏互动不同于以后的游戏形式，因为它们是在脱离任何玩具、人工制品和游戏规则的情况下完成的。这种互动只涉及人与人之间的行为。

考虑到母亲（或任何主要看护人）在做完必须做的事情（如喂奶、换尿布、哄婴儿睡觉），忙碌了一天之后，已经没有多少精力和婴儿游戏了，更不用说参与那些与婴儿无关的活动。然而，我们并不需要特意在一天的日程安排中给游戏期留出时间。游戏期是挤出来的，通常是在进行其他活动的同时或暂停那些活动后开始的。

有些母亲，只要有可能，就会在一个固定的时间开始她们与婴儿的游戏。有些母亲发现婴儿在喂奶前几分钟最喜欢玩耍；有些婴儿此时太饿，比较吵闹，但只要吃上几口奶、不太饿后，也愿在喂奶期间连续玩上几分钟；还有一些婴儿在喂奶后和睡醒后最有兴致玩。有些母亲和婴儿在喂奶时或洗浴时抢时间玩耍。一般说来，母亲和婴儿会利用任何机会玩一段时间。对于我们的目的来说，游戏期什么时候开始没有太大关系。它一旦开始，一切其他正在进行的外部任务就停止了，以社会游戏为特征的受关注的人际活动占主要地位，无论先前正在发生什么或者以后会发生什么。

奇怪的是，这些具有如此重要的发展意义的游戏期却没有取得固定的、有序活动的地位，而常常是插入或毫无计划地在其他活动的过程中突然开始。事实上，相互游戏只能发生在婴儿清醒且活跃时，但他在一天中只有很一小部分时间处于这种状态。他在活跃的大部分时间里都在进行社会性游戏。因此，尽管是一种有时来去匆匆穿插在其他活动间隙的活动，游戏期仍成为婴儿的人生经历的主要来源。事实上，正如我们所知，母亲和婴儿相互间的反应是"预设"好的。只要有广泛的、适合的诱发条件，这些互动就会"开始"。

游戏期

游戏期一定是在母亲和婴儿相互注意到对方的目光时才开始的。因此，一段时间的相互凝视之后，紧接着发生什么将决定游戏期是否开始。如果母亲或婴儿出于什么原因中断了凝视，游戏期通常并不会开始，至少暂时不会开始。如果他们保持凝视，那么为了开始一段游戏期，接着他们双方一定要互相发出信号，表示他们愿意进行社会互动。母亲带着一般的面部表情发出信号：眉毛上扬，瞪大眼睛，嘴张开，头偏离正常位，就像做惊喜表情那样。而在婴儿这边，特别是当他感到极度兴奋时，他会做出一些看起来相似的行为（这些行为最有可能源自适应反应，几乎没有什么变化）。他的眼睛睁得更大，他的眉毛在能控制的范围内上下移动，通常嘴张开，微笑，头转动以凝视母亲的正面。有时候，婴儿看起来像是来回摇头以便"找准位置"，有时候则扭动头颈，向前靠近。这些动作和表现是婴儿向母亲发出邀请的相应信号。一旦交换了这些信号，母亲和婴儿继续相互凝视，游戏期就会马上开始。

注意到这一点很重要：当这一切正在进行时（可能至少需要用一秒钟，因为双方的表现是同时进行的），对游戏期必不可少的两种其他活动也完成了。第一，在相互"问候"或发出"愿意"信号的时候，所有的其他活动都停止了，双方都会引起对方的完全注意。第二，开始行为的表现带来了重新定向，以便双方都能正面相对。以这种姿势，面部表情、凝视和头部运动的变化都能被看到，它们是强烈的信号。

当然，不是所有的游戏期都以这种相互"问候"或同时发出"愿意"信号开始。在很多情况下，游戏期往往以一种"假启动"开始，通常是母亲向婴儿示意而婴儿拒绝凝视。几次假启动后，互动有可能开始。假启动常常被用来唤醒婴儿，使他进入一个足够警觉的状态，以便能够互动。

整个游戏期（如果够长）又被分为交替进行的两个更小的单位：互动参与阶段，在这一阶段我们能观察到很多社会行为；互动暂停阶段，其性质为休息和沉默，在重新互动之前进行再调节。

互动参与阶段

互动参与阶段有以下特征：它是一连串前后有明显停顿、时间长短不一的社会行为。一般说来，互动参与阶段通常从母亲的"问候"行为开始，较少从婴儿的"问候"开始。这样，每个互动参与阶段的开始就像是游戏期的开始，只是问候表现不够充分和夸张。然而，有些母亲基本上要在每一个阶段开始时重新问候婴儿，这可能在一分钟内就多达数次。在互动参与阶段，看护人会以惊人的、有规律的节奏做出不连贯的行为，发出声音、不发出声音或两者皆有，因此每一个互动参与阶段都有自己的节奏。节奏的规律性令人吃惊，因为母亲能够并且确实不时地改变动作的力度和声音大小，因此给我们留下了改变节奏的印象，而实际上并未改变。

看护人可以改变各个互动参与阶段的节奏，因此也就制造了各种不同的节奏。推测这种节奏的变化是否因个体的文化背景或年龄而异，推测这些差异的发展结果可能是什么，是相当有趣的事。重要的是，对特定的双方来说，某个互动参与阶段的节奏一旦形成，一般就会保持下去。在互动参与阶段出现的行为，无论是有声行为，还是无声行为，都有一定的节奏性。给动作"加上"声音不会改变节奏。无论是讲话或是动作，看护人向婴儿展示了不连贯的人类行为。因此，在每一个互动参与阶段，婴儿都会体验一个可以预料的刺激范围，进而形成了预期。

大多数人类行为都有以不确定的速度展示出来的特点，但也只是以可预料的节奏、在一定限制范围内展现出来。我有这样一个印象：当成年人与婴儿进行互动时，他们一般会建立一

个比较有规律的行为节奏。无论如何，婴儿的刺激范围的重要
方面就是这个刺激范围的时间模式。这适用于人类行为和一切
其他刺激活动。看护人行为节奏的变动范围和瞬时速度的波动
范围，与婴儿的时间感知和处理结构相适应，这种情况是可能
的。我们对婴儿的注意力和认知过程的认识可能说明：有限却
有规律的时间处理，会比精确固定的、复杂冗长的处理和完全
不可预料的处理更能够抓住和维持婴儿的注意力。我们期望
在生物学意义上重要的人类活动（如试图交流和建立情感关
系），会及时形成模式，以便与婴儿的先天反应相匹配。我们
现在承认，人的面部构造是这样的：它的视觉刺激特征与人类
婴儿先天的视觉偏爱非常匹配。我在这里扩展这种概念，以便
包容人类社会行为的时间模式。

这种相当有规律的节奏对婴儿来说可能意味着什么，这是
个令人感兴趣的问题。婴儿精神生活的一个主要倾向就是假
设的形成与检验。期望（时间和其他事物）的产生及关于这种
期望与现实之间的差异的评价，构成了这种主要倾向的重要部
分。因此，一种理想的时间刺激不能是有规律的和固定的。如
果是的话，那就没有什么差异需要评价，也就没有什么东西能
够继续吸引婴儿，因为他会迅速习惯化。另一方面，如果期望
和现实之间的差异太大或太缺乏规律性，那么婴儿就不会视其

为差异。也就是说，它们与预期所指的事物没有关系，婴儿的兴趣和认知参与也不能维持下去。因此，根据我们对婴儿的认知过程的认识，最适合维持婴儿的兴趣和参与的时间刺激需要带有一定的节奏（允许预期的形成），这种节奏要有一定的规律性，也要富有一定的变化（参与和维持他的认知评价）。母亲在互动参与阶段里建立的节奏非常适合婴儿保持注意力和认知参与。

最后，在互动参与阶段，母亲一般只有一个主要意图，如引起和维持婴儿的注意力，或开始一个游戏（如母亲追赶、婴儿躲避）。这个阶段的主要意图只是由双方行为技能的重要部分展现出来的。从这种意义上讲，互动参与阶段有点类似于写作中的主题段落。

互动暂停阶段

互动暂停阶段由相对的行为沉默（behavioral silence）构成，包括声音沉默和动作停止。[1]这些暂停在时间上一定要比组成*互动参与阶段*的一连串不连贯行为内的停顿长，几乎总是持

---

① Fogel, A. "Tempo Organization in Mother-Infant Face to Face Interaction," in Schaffer, H. R. ed., *Studies on Mother-Infant Interaction*, London: Academic Press, 1977.

续三秒多。在互动暂停阶段，一般都会出现对婴儿的视觉注意的中断。一般说来，这只不过包括了看护人将视线从婴儿身上移开，将注意力集中在其他地方。将视线从婴儿的面部移至身体的其他部位也会构成一种中断。无论在以上哪个例子中，都不需要母亲行为活动程度的变化，但她的行为方向或焦点会被改变。

大多数互动暂停阶段都会出现注意焦点和行为活动的变化。一个常见的例子是，当看护人在椅子上向后靠一会儿，静静地看着别处，等待重新集中注意力和重新开始一连串新的行为。

互动参与阶段和随后的暂停阶段在互动调节中起着应答的作用。在每一个参与阶段，母亲和婴儿都努力保持在兴奋和情感的最佳范围内。当这个范围的上边界或下边界被超过或将被超过时，参与阶段就结束了，通常是由婴儿发出这样的信号。在随后的互动暂停阶段，要重新评估人际情况，还要评价关于注意力、兴奋和情感的程度和方向的*互动趋势*。在掌握了这种信息的基础上，制定出新的、直接的目标并在下一个参与阶段加以检验。每一个互动参与阶段都提供了在不同过程中"重新开始"互动的机会。注意到这一点很重要，暂停间歇也是潜在的重新调整和重新开始的时刻。看护人经常利用这些互动中出现的暂停，使互动平静下来。

重复运行

重复运行是指发生于互动参与阶段的整个行为序列中的一系列重复行为。在互动参与阶段，一般会出现许多重复运行。在同婴儿游戏的时间里，母亲做出的行为的一个普通而明显的特征就是重复性。这种重复性明显表现在她对婴儿所说的话语上和她用脸、头和身体所做的行为上。斯诺的研究也表明，母亲对正在学说话的婴儿做出重复性行为，从而使婴儿更容易学习和理解语言。[①]我想要关注的现象有些不同并且更为普遍：母亲的行为表现或利用了诸如发音、动作、面部表情、触觉和动觉刺激等的重复。此外，母亲在婴儿发展的早期就开始利用"重复性"了。此时考虑努力让婴儿学会重复的要素不会引起争论。我们可以把"教学性"运用重复看作对这种一般现象的特殊利用。

母亲重复的事物的范围令人印象深刻。我们发现，无论我们测量的是婴儿的发声行为还是不发声行为，多达30%的发声、面部表情或运动（如点头）都是对此前母亲做出的行为的重

---

① Snow, C. "Mother's Speech to Children Learning Language," *Child Development*, 43, 549-564.

复。一般的"重复运行"在长度上稍多于三个单位。

　　为什么母亲会如此频繁地重复自己的行为，这是一个有趣的问题。除了试图吸引婴儿的注意力，最简单的回答可能是：在不重要的情况下，她没有话要说，没有事要做，她所说的话无非是为了使刺激持续下去。这种解释似乎使重复现象显得不那么重要了，但并不是这样。最重要的是她发出的声音，不是她说的话。根据这种观点，重复运行在互动中作为重要的结构性和功能性单元发挥作用。

　　我们可以把母亲的社会行为比作一支交响曲。在这支交响曲中，音乐成分是她不断变化的面部表情、声音、动作等。至此，我们关心的只是母亲使用的不同音符、乐章、音量、音色、持续时间等。现在，我们开始关心这些成分是如何组织起来形成更大的单位的。我们方才思考了不同的"拍子"是如何产生并发挥作用的。重复运行为母亲提供了创造主旋律和变奏的手段。大多数重复运行并不完全重复整个单位，有些变化是逐渐产生的，如"喂……喂喂……喂喂喂……"。

　　这种重复运行的重要特征是：在呈现一个刺激后，再次呈现这个刺激，前后几乎没有变化或变化很小。一般形式可以被概念化为带有或不带有变化的一个主题的陈述和再陈述。超过一半的重复运行，无论是有声的还是无声的，都含有变化。由于这种形式的主题和变化是看护人用她们自己的行为创造的，因此可以呈现出几种不同的形式。不同重复运行的主题和变化是不同的。可能是音色、音高、强度，也可能是其中几个因素，在每次呈现时会略有变化。看护人可以转向一种不同的主题和变化形式。对于这种形式来说，时间是主要的变量，如"喂，宝贝儿……喂，宝贝儿……喂，宝贝儿……喂，宝贝儿"。这有点像音乐片段的重复，虽然歌词变了，曲调还是一样，歌词就是保持结构的规律性的节拍，而时间间歇就是变化的成分。许多音乐类型都利用了这种主题和变化的反向形式。

无论如何，看护人在重复运行方面有一个有力的工具。这个工具使她能以略为变动的形式表现和再表现人类交流和表达行为的每个方面。由于每一个重要的社会行为都可能一再被重复，因此婴儿能更好地接纳多种不同的人类行为，并不断地扩大这些行为的范围。看护人为了吸引婴儿和打发无聊的时间，并获得快乐，将创造出有关声音和动作的主题和变化。婴儿再渐渐地将其转化成自己必须理解和参与的各种社会行为。

瞬息世界

像所有人一样，母亲和婴儿在一个瞬息世界里进行着社会互动。我们的社会行为转瞬即逝，消失的速度比我们想象中的更快一些。一般母亲的声音、面部表情或动作的持续时间不到1秒，婴儿的相应行为也是如此。在对游戏行为进行的逐个画面的影片分析中，我们发现绝大多数母婴互动的行为片段的持续时间是0.3—1.0秒。[1]

构建互动行为的方式，极大地影响了我们思考互动是如何起作用的以及我们应该设计什么模式来解释它的操作。有时候，互动行为在时间上被很好地分开了，例如，母亲首先做出一个行为，接着婴儿做出一个行为，稍有停顿后，母亲再次做出一个行为，如此进行下去。在这个行为序列里，我们很容易想象每个行为都是对前一个行为的反应，也是引发后一个行为的刺激。这是一个刺激—反应链，就像网球赛，球来回地被从一边场地打到另一边场地。这是对互动如何起作用的最合理的解释模型，也是一种我们都乐于接受的模型。然而，正如我们所发现的那样，母婴之间的活动并不如此有序。在大多数时间里，至少在互动参与阶段，母婴行为是相互重叠的。由于在母亲的行为和婴儿的行为之间常常有一段时间间隔，

① Beebe, B. "Ontogeny of Positive Affect in the Third and Fourth Months of the Life of One Infant," PhD dissertation, Columbia University, University Microfilms, 1973.

所以我们认为第二个行为是对第一个行为的反应。然而，通常在两个行为开始之间没有足够的时间从反应上进行考虑（两个开始之间的时间比已知的反应时间短）。还有一个问题是，我们提出的简单的刺激—反应模式并不适用于双方在同一时刻行动的情况。

当母亲和婴儿同时行动时，我们不得不认为他们在遵循一个共同程序。有关这种模式的更好的隐喻是"跳华尔兹"，跳舞的双方都记熟了步伐和音乐，能够配合得很好，共同移动。我们如何才能调和这些解释母婴互动的"工作原理"的观点呢？让我们更密切地观察几个关于人际交流的例子。

什么时间、什么东西构成了主要的社会刺激？回答并不总是那么简单。例如，当你看见一个你认识但又有一段时间没有见面的人在街上朝你走来时，你会产生一个相当准确的建立在你们以前的关系和分离时间基础上的预期，这个预期决定了当你走近对方时，相距多远你会和对方打招呼，打招呼的时间持续多久，应带几分热情。假如在你理解的和对方的关系程度的基础上，你先打招呼了，并期盼对方也说一句至少持续0.5秒的"嗨"，而你却只听到一句持续0.3秒的"嗨"，你也许会一边走开一边想是不是哪里有什么不对，迅速回想自从上次见面以来发生的一些事。另一方面，如果对方发出的"嗨"持续0.8秒而不是预期的0.5秒，你可能会想"那是什么意思"或者假如是另外的情况，你可能会问"对方想干什么"。

这种经历制造了很多笑话。这些经历的要点，并不是与之最有关系的刺激活动本身（"嗨"），而是偏离预期的程度。即使实际刺激和预期刺激在时间上存在几百毫秒的不匹配，这种不匹配也会成为有效的刺激活动。此外，直到0.3秒或0.8秒的"嗨"结束以后，有效的刺激活动才会出现。大多共同常规程序的微妙使用和滥用就在这瞬间发生了。在这种情况下，我们只能根据它们与执行的行为程序的关系来理解这些刺激和反应。

另一个例子来自另一项人类交流活动——拳击比赛，它可以很好地说明我们在理解协调得很好的互动时会遇到的问题。不知什么原因，我一度对一个人何时要做一个大的手臂动作很有兴趣。为了弄清这点，我分析了穆翰默德·阿里拳击的影片，计算他挥出的一个左刺拳可以被分解成多少帧画面（1/24秒）。在重量级拳击史上，他的猛击动作可能是最快的。1966年，在阿里与米尔登伯格对战的世界重量级拳击比赛的第一回合，阿里挥出的53%的左刺拳用时比一般认为最快的视觉反应（0.18秒）还快（见图7）。米尔登伯格挥出的36%的左刺拳快于视觉反应，当然他并不是因速度而出名的。我举这个例子的意义在于，拳击中的一击不能被看作引发躲闪或阻挡动作的刺激，虽然一般人会这样猜测。根据我们所了解的反应时知识（从第一眼看见刺激物到反应开始），阿里挥出的53%及以上的左刺拳应该已经击中对方，但事实并非如此。人们可能会认为，米尔登伯格对某些先于阿里的左刺拳的刺激做出了反应。然而，一个像阿里这样的拳击手是不会事先漏出要出击一拳的线索的。因此，即使我们逐帧回放影片，也不可能找到有效的刺激事件。这再次提醒我们不能只看孤立的某个刺激和某个反应，我们一定要看到更大的模式化行为序列。这样的理解可能更为合理：把出击或躲闪看作拳击手双方的假设检验，以理解和预料对手的行为，或迫使他使用更容易预料、更受限制的技能。如此看来，成功的一击反映了拳击运动员破译双方正在进行的行为序列，从而在时间和空间上正确预料对手的下一个动作的能力。真正令人惊讶的是，人类多么擅长迅速地获得对手行为序列的时空"地图"啊！即使是像拳击这样的活动，其关键点也是不断地变化行为序列，并且尽可能使出击不可预料。

　　拳击的例子很有启发性，它表明我们的行为序列是可以被预测的，即使它们被设计成不可预测的。当一项活动的目的是展现和分享行为序列时，我们形成关于他人的行为序列的时间和空间图式的速度和准确性也就不那么令人吃惊了。

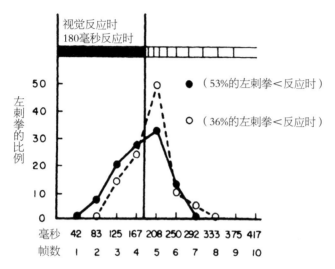

**图7 1966年阿里与米尔登伯格在世界重量级拳手冠军赛
第一回合中挥出一个左刺拳的时间**

在前面的打招呼和拳击比赛的例子中，我们发现我们需要引入程序的概念。当把跳华尔兹的隐喻作为共享程序的例子时，我们必须援引某些易懂的关于刺激—反应的解释，我们可以从跳华尔兹的任何节点开始。领舞者在每一小节结束时一定要暗示伴舞者他们将朝哪个方向旋转。这种信号是由手的压迫、身体的倾斜等传递的。一旦这些刺激引发了反应，两个舞者就可以遵循已知的程序，在一段时间里同步移动。"一二三……一二三"，直到在一个或两个小节结束时，二人做出了新的决定，一个新的刺激—反应交流重新决定了两人的运动方向，他们重新进入了"一二三"的联合程序中。他们在一起跳舞的次数越多，就越能将更复杂的程序模式串在一起，而不需要有主导刺激和伴随反应。

实际上，所有复杂的人类社会活动，包括大多数人际行为流，都需要我们同时考虑程序化的行为序列和刺激—反应范式。在我们遇到的各种情况中，二者都在发挥作用。有时，互动被概念化为一个刺激—反应过程，而有时，它则被看作程序化的行为序列。它经常发生变化。

有个重要的假设构成了当前整个讨论的基础，那就是成年人（以及婴儿）有能力相当精确地估计时间间隔。如果缺乏这一能力，持续0.3秒的"嗨"和预期中持续0.5秒的"嗨"之间存在的时间差就绝不可能构成一个刺激事件。除非拳击手能准确地估计目标将在多少毫秒后出现，否则他不可能成功发出一次攻击。正如我们将会谈到的那样，婴儿也一定以某种方式获得了这种能力，以应对充满社会互动的世界。

我们应该研究人类的计时能力，以便进一步理解这些活动。我们从关于成年人预估时间间隔的能力的研究中了解到，人类拥有几种不同的计时方式。对于550毫秒以下非常短暂的时间间隔，我们会采用一种绝对计时方式。用这种方法，我们能非常精确地估计这些短暂的时间间隔。[1]绝对计时方式的特征之一是，无论间歇时间长还是短，我们都会存在估计上的错误。换句话说，当估计一个250毫秒的时间间隔时，我们可能在两端各偏差15毫秒。当估计一个500毫秒的时间间隔时，我们可能同样会偏差15毫秒。

大多数乐曲是在绝对计时程序控制的极精确的范围内被弹奏出来的。柔板、行板、快板和急板等音乐的节拍间歇从0.63到0.29秒。在此范围内，根据节拍规律，非常小的偏差随时都可能被察觉，我们能极精确地预测下一个节拍。

当预估长于0.5秒的时间间隔时，我们就需要使用其他计时制方式。泊松计时和标量计时是被研究得最多的两种方式。[2]和绝对计时不同，这两种计时方式的重要特征之一是：随着被估计的时间间隔的持续，估计的精确性也越来越小。

我们几乎没有直接的证据可以说明婴儿的计时能力。如果他（如果你愿意，也可说是他的神经系统）不能进行某些相当

---

[1]　Kristofferson, A. B. "Low Variance Stimulus Response Latencies: Deterministic Internal Delays," *Perception and Psychophysics*, 1976, 20, 89−100.

[2]　McGill, W. J. "Neural Counting Mechanisms and Energy Detection in Audition," *Journal of Mathematical Psychology*, 1967, 4, 351−376.

Getty, D. J. "Discrimination of Short Temporal Intervals: A Comparison of Two Models," *Perception and Psychophysics*, 1975, 18, 1−8.

Gibbon, J. "Scalar Expectancy Theory and Weber's Law in Animal Timing," *Psychological Review*, 1977.

令人印象深刻的时间估计操作，我们就很难理解他是怎样进行计时的，以及他是怎样开始理解他的社会领域的。毕竟，每项活动，包括看护人和婴儿的复杂社会行为，都要在一定的时间范围内展开。社会行为的自我计时常常控制着信号价值、信号意义或信号效果。正如我已经指出的那样，互动可能在很大程度上有赖于双方的某种能力，这种能力使得我们能够预料对方的下一个行为会在什么时候发出。行为序列的共享程序也有赖于此。

关于计时对看护人和婴儿间的社会互动的意义，我们知道些什么呢？同婴儿游戏的看护人在很大程度上要依靠唱歌和其他有规律的、快速的声音刺激形式，如拍手、发出咯咯声、咔嗒声、喷喷声。这些声音刺激的节奏都快于半秒每次。此外，看护人似乎有效地利用了节奏的变化，以影响婴儿的觉醒或情感状态。这表明，在这短于半秒钟的间歇范围内，随着重复的刺激，婴儿逐渐适应了这种节拍。他形成了什么时候下一个节拍会落下的预期，并在某种程度上变得对节奏上的一些小变化十分敏感。

这发生在各种各样的情况下。例如，当婴儿变得过度兴奋，开始发出"啊啊啊"的惊叫声时，看护人常常会加快她的行为速度，以"赶上"婴儿的节奏。接着她会慢慢地、逐渐地降低她说话或发出动作的速度，像一个调解人一样，使婴儿平静下来。这听起来就像："嘿嘿嘿……哦……哦……好啦……好啦……没什么啦……怎么啦，宝贝儿"。同样，看护人可以反过来使用这种一般形式，以唤醒婴儿并提高他的兴奋度。

婴儿的计时问题也与对重复运行的利用有关。重复运行允许看护人以变化主题的形式提供社会刺激。随后重复变化的主要形式之一常常是计时本身。一个显著的实例是我们在前一章中所举的例子，即"我要让你笑起来"的重复游戏（"我要让你笑起来……我要……让你笑起来……我……要……让你……笑起来"）。在这个游戏里，看护人逐渐"延长"了预期节拍，因此增加了现实情况与预期的差异以及婴儿的兴奋度。然而，除非婴儿有计算节拍时间和形成什么时候下一个节拍会落下的时间估计机制，否则就不会产生这种效果。婴儿对母亲行为的预估和母亲的实际行为之间的差异，就是令人紧张、兴奋的要素。

在互动参与阶段，看护人大都形成了一个有规律的行为节奏，无论行为是有声的还是无声的。此外，我们认识到使形成预期（产生假设）成为可能的某些规律是多么重要。一定范围内的某种变化对引起和维持婴儿的评价过程十分重要。因此，婴儿有必要接触一系列有关看护人行为的带有变化的节奏。

对婴儿来说，计时问题如上所述。从互动的一个阶段到另一个阶段，看护人可能改变她的行为节奏，她可以加快，也可以放慢。例如，她可以从大约每两秒做出一个行为（如说话）改为大约每三秒做出一个行为。当行为与行为之间的时间间隔超过半秒钟时，个体估计下一个行为何时来临的能力就会下降，变得不那么准确。换句话说，随着需估计的时间间隔逐渐变长，估计的准确性也会下降。当母亲的行为在节奏方面出现变化时，婴儿得想办法推测新节奏及其变化范围。

最近，我们测量了一些母亲使用的节奏及其变化范围。随着母亲做出的行为的时间间隔逐渐变长，这些行为的节奏的标准差也逐渐增大。[1]这些行为的节奏和它们的变化范围都能够用标量计时过程的模型进行解释。因此，我们假定婴儿有一个标量单位计时器，用以估计持续时间超过半秒的社会行为。这种计时器的功能就像一个中间打了一个结的橡皮筋，无论它怎么被伸展或收缩，这个结始终在中间。同样，单位计时器可以被设置、伸展或缩减到一个控制的时间单位，也可以按单位大小的比例伸展或收缩。如果婴儿有一个标量单位计时器，那么看

---

① Stern, D. N., & Gibbon, J. "Temporal Expectancies of Social Behaviors in Mother-Infant Play," in Thorman, E. ed., *The Origins of the Infant's Responsiveness*, New York: L. Erlbaum Press, 1977.

护人就可以任意改变自己的行为节奏，婴儿会重新调整他的单位计时器，以估计新的节奏及其变化范围。通过这种方式，婴儿形成预期及估计现实与预期的偏差的能力就可以在看护人的行为节奏发生变化时保持完整。除非婴儿具有这种计时程序，否则即使他能够对看护人做出反应（跟随或引领），也绝不会与之共舞。

估计和预期时间间隔的能力明显与各种互动过程有关，甚至决定着这些过程。我们知道，母亲和婴儿能够并且确实制造了大量的刺激—反应序列。我们还知道，他们不时地联合执行这些需要预先知道对方行为流程的序列。最后，我们知道他们之间发生的大多数社会互动，涉及在一种互动模式和另一种互动模式之间微妙地来回转换，使互动能继续下去而不被中断。然而，我们仍需知道更多有关婴儿的计时能力的本质和程度的东西。这些能力使婴儿能进行复杂的人际交流，在此基础之上形成建立某种关系的内部心理表征。

第七章

从互动到关系

　　到目前为止，我们一直在谈婴儿与看护人的互动。我们现在应该谈谈婴儿与看护人的关系，以及它是怎样从众多互动中产生的。这是艰难的一步。一种关系当然是由"一部不连贯的互动史"决定的，但其含义并不只是过去和现在的互动的总和。从概念上讲，它是一种不同的组织，或一种不同的经验整合。它的主要特征之一是持久的心理图像、图式或他人的表象。自精神分析理论开始，在多数心理学理论中，这种持久的心理表象就被认为是个体形成客体永久性所必需的。

　　什么时候我们可以说婴儿是处于关系之中呢？要回答这个问题并不难，但得慢慢来。不管怎么样，到出生后第一年的后半期，婴儿表现出的大量行为提示我们可以开始谈论关系这个问题了。大约在出生后第九个月的某个时候，婴儿会出现被称作陌生人反应的行为。当有陌生人走近或在场时，这种反应的变化范围很广，从适度的谨慎到极度的苦恼。[①]就在婴儿的陌生

---

　　① Lewis, M., & Rosenblum, L. *The Origins of Fear*, New York: Wiley, 1974.

人反应出现不久，当主要看护人离开时，婴儿开始表现出一种"分离反应"。当看护人回来后，他又会表现出一种"重聚反应"。这种分离反应是一种苦恼的反应，它的强度在不同的婴儿那里各不相同，变化很大。重聚反应是一种快乐的反应，常常伴有亲和行为。

这些发展标志综合表明，婴儿形成了对他的主要看护人的特别依恋。它们也表明，婴儿正开始形成关于她的内在表象，因此，某种程度的客体永久性出现了。此刻婴儿终于可以谈论与某个在很大程度上与自己不一样的人的真实关系。关于这些标志的本质，以及根据它们能够推断出什么，仍然有一些争论。我们猜测，临近一周岁时，婴儿朝关系的建立已经迈出了重要的一步。我们真的不知是否在发展中有真正的"飞跃"，或因为其他相关的发展性变化，一个渐进的过程是否会突然变得比较明显。我们知道这个过程此刻并没有结束。无论如何，第一年的后半部分发生的事情也够多了。我们必须问一下：先前的活动对这种发展性进步有何贡献。

现在摆在我们面前的任务就是回答：作为一种关系的基础的持续内在表象，如何从我们所讨论的互动体验中产生。事实上我们不清楚这个问题的答案。我们只能根据我们已知的关于无生命物体的内部心理图式如何形成的知识以及那些研究主要看护人的早期内在表象的精神分析学家的周密重构进行推测。
此后，我将遵循惯例，在提及无生命物体的内化时使用术语
"图式"，在提及人的内化时使用术语"表象"。为什么不用
同样的术语概念化有生命和无生命物体的内化过程呢？主要原
因是直觉。从本质上来看我们关于自己与事物的关系的本质和
主观感觉不同于我们关于自己与人的关系的本质和主观感觉。
通过联想，人们可以对一个物体产生感觉和发出行动，就如同
与一个人交往那样。这是一种很普通的体验。毫无疑问，对某
个事物，如一棵树、一块漂亮的石头，人们可以有一种"纯粹
的"（不与任何特定的人有关的）情感反应。然而，我想知道
的是，在进化的过程中，这些体验在多大程度上是为了对人类
做出反应而被"设计出来"的。这些体验由于人的非凡适应
性被转变，因此在适当的环境中，它们又能被无生命的物体
激活。

在同拨浪鼓和其他玩具的"互动"中，婴儿肯定要表现出
明显的情感，如快乐。但在这种情况下的问题是，他们的情感
反应是否与物体本身有关，或者与对它们的掌握或认识过程的
体验有关。我的猜想是后者，并且我假定情感体验是发生在作
为演员的婴儿和作为自我观察者、评价者的婴儿之间。

一些与这种特性相关的证据表明，但并非断定，婴儿与物

体、与人的体验，有着相当不同的性质。贝里·布雷泽尔顿和他的同事们报告称，婴儿在物体面前的身体运动不同于在人面前的身体运动，前者显得更激动，不那么流畅。[①]西尔维娅·贝尔发现个体可能是沿着不同的发展路线建立关于物体的图式和人的表象的。[②]

图式的形成

皮亚杰关于婴儿在生命的第一年里形成对无生命物体的图式的研究仍然是最全面、最有影响力的。皮亚杰推测，在第一年内，内在图式伴随着行为的内化和源于这些行为的感觉和感知而形成。一个行为图式由两种成分组成：婴儿对物体做出的行为和物体提供的感觉体验（主要由婴儿表现出的特殊行为决定）。我们以婴儿床里的一个拨浪鼓为例。最初，婴儿建立了以下各个感觉—运动事件的行为图式：凝视拨浪鼓以及凝视它是一种什么感觉；抓住拨浪鼓以及抓住它是一种什么感觉；摇

---

① Brazelton, T. B., Koslowski, B., & Main, M. "The Origins of Reciprocity: The Early Mother–Infant Interaction," in Lewis, M. and Rosenblum, L. eds., *The Effect of the Infant on Its Caregiver*, New York: Wiley, 1974.

② Bell, S. M. "The Development of the Concept of the Object as Related to Infant–Mother Attachment," *Child Development*, 1970, 41, 291–311.

动拨浪鼓以及摇动它是一种什么感觉。

体验中有两个截然不同的"成分"。行为，是一种肌肉的和体内感觉到刺激的运动经验；感觉经验来源于物体，取决于物体的特殊刺激性质，在个体做出某个行为时能够被感觉到。运动经验和感觉经验总是密切相关的，让人感到是一个经验单元。每个感觉—运动单元都必须被反复实践和体验，直到被内化，形成一个特别的图式。

与此同时，每个感觉—运动图式相互协调，在内部得到强化。各个图式之间建立起一种内在联系，形成网络，构成了比拨浪鼓本身更高层次的图式，因为它包含了所有分离的感觉—运动图式——见到的、伸手去够的、抓住的、握住的、摇动的、听到的拨浪鼓。

现在假设我们把一个不一样的拨浪鼓放进婴儿床里。最初，婴儿可能无法知道这个新物体也是一个拨浪鼓。他会用同第一个拨浪鼓互动时学会的一样的操作方法重新组织和扩展他关于第一个拨浪鼓的图式，以便它能适用于与第二个拨浪鼓的"互动"。通过这种方式，婴儿创造了一个更大的关于这类能够被看得见、够得着、抓得住、摇得动和听得见的物体的图式。这是一个关于类似拨浪鼓的物体的图式。婴儿就是这样发展出心理图式的。

注意到这一点很重要：最初作为图式内化的东西并不是物体本身，也不是行为本身，而是婴儿和物体的"互动"，也就是以感觉—运动图式的形式出现的积极"客体关系"。

关于人的表象的形成

在考虑把经验的感觉—运动单元内化为物体——如拨浪鼓——的心理图式时，我们只需处理两个因素：来自行为的运动经验和来自物体的感觉经验。在与活的、积极的人的互动中，婴儿和客体（看护人）的联合行为引起了婴儿在兴奋和情感方面的内在变化。在这种情况下，我们还需要处理第三个成分：婴儿的兴奋—情感经验。简便起见，我称这种成分为婴儿的"情感经验"。我们应当注意：这种情感经验包括婴儿的兴奋状况和情感，有时只有前者是明显的，后者则是推论出来的。

人际活动过程单元

我们在前一章中曾经提到，所有活动都需要时间来开展。人类行为几乎总是变化着的，甚至兴奋和情感的内心体验在强度和方向上也时时刻刻在发生变化。看护人的微笑就是一个恰当的例子。婴儿会把这种微笑体验为一个静止的画面，就像一幅照片，还是一段在时间和空间上都模式化了的短暂且持续的动作序列？我们知道，声音和内心情感只能通过时间来感受，声音或情感的"片段"并没有连贯的意思或可识别的形式。我们对于微笑和其他人类行为的感知也是如此。

我认为，至少在人类互动的行为领域，存在着互动体验的一种基本过程单元。这种过程单元并不一定就是某种形式中最小的感知单元，但它却是能够产生具有开始、中间和结束的临时动态互动活动的最小单元。这种过程单元就像是最简单的包括了经验的感觉、运动和情感成分的事件，作为一项人际互动活动发挥信号作用。

有声表达或面部表情的形成、维持和分解，可以给人际过程单元划定界线。不连续的头部动作、多数动觉和触觉（触摸或挠痒痒）刺激活动、多数婴儿的动作也可以给人际过程单元划定界线。所有这些活动都发生在从1/3秒到几秒钟的时间范围里。这些人际过程单元，或许就是关于感觉—运动—情感体验的单元，最初被内化为关于另一个人的表象。

这种单元的存在得到了一些临床证据的支持。如果你让某人"想一想你的母亲或父亲"，他们一般会报告称回想起了一两个动态的时刻，相当于我所说的人际活动过程单元。在许多其他类似的情况下，突然涌现的记忆"片断"大体上都是这样的东西。我们并不能肯定地声称，这种体验单元就像我们所描述的那样存在着，也不能说它们就是内部表象的建筑块料。相反，我是说从概念上我需要一个像这样的功能单元，我这里勾勒的只不过是这样一种单元的初步的、可行的描述。

感觉体验

感觉体验是婴儿对看护人提供的刺激活动的感悟。正如我们所看到的，看护人提供了大量的视觉、听觉、触觉和动觉刺激。主要问题是：婴儿是如何从这些活动中形成表象的感觉"成分"的？作为一个例子，让我们从视觉图像开始，把注意力集中在看护人的面部表情上。从婴儿的观点来看，他在开始的时候没有理由假定母亲表现出微笑的脸就是她皱着眉头的同一张脸，或者这两者源于同一个客体。这与两个不同的拨浪鼓的问题相似。

看护人表现出面部表情的方式大大促进了婴儿形成关于这些表情的感觉表象的能力的发展。看护人首选的方式是夸张，特别是夸大那些面部表情最具特色的地方。这种对行为层面的重要成分的强调会促进婴儿的认识过程。第二，一般说来，每一种面部表情都被一种相对的行为沉默所限制，这种情况在成人与成人的互动中更为多见。这样一来，母亲将每种表情放进了离散的行为包，与正在进行的行为流区别开来。这使得每个行为单元更能被识别，慢慢地，区别一个事物在什么地方开始，另一个在什么地方结束，以便将每个单元分隔开的问题也可以得到解决。第三，我们不知道婴儿处理信息的速度。也许比成年人的速度慢些，并随年龄的增长而加快。如果看护人不使她的许多行为慢下来，那么对于婴儿不成熟的处理感知信息的能力来说，尤其是对他的视觉处理能力来说，她的行为将无法得到加工。此时在婴儿看来，母亲会像早期无声影片中的人物，行动如此急促，缺乏连贯性。在这种情况下，婴儿不能在心中从许多次序混乱的变化形式中抓住目标的稳定形式，也绝不可能捕获一组动作序列，看到和吸收行为的活动单元，如微笑或任何面部表情以及身体的模式化运动。

最后，由于母亲行为的大量重复，婴儿不断地暴露在重复运行之下。例如，每个连续的微笑都略微不同于上一个，但仍属于同一类活动。通过这种方式，重复运行会极大地提高婴儿理解看护人表现出的各类行为的能力。到第六个月底，婴儿就能分辨出图片中的不同面部表情。[1]我们推测，凭借母亲的实际面部表达技能，婴儿的区辨能力会大大提高。

通过这种方式，婴儿逐渐形成了关于不同表情、不同声音、不同动作的表象的感觉成分。随着每种成分的加强，它们相互协调，就形成了更高层次的、作为各种刺激来源的看护人的感觉表象。这是不同形式的行为类别的整合。我们在前面提到的实验是一个关于这种感觉表象相互协调的清楚的例子。三个月大的婴儿的设想是：母亲的面孔、声音应该在同一个地方出现。

运动体验

感觉—运动—情感体验单元的第二个内化"成分"由婴儿的行为和婴儿关于自己行为的本体感受组成。这些行为包括婴儿的凝视（无论他是否在凝视，无论他是从正面的姿势进行凝视还是从偏侧的姿势进行凝视，或者用边缘视力去看）、头部动作、面部表情、发音以及身体动作。我们可以推测，婴儿体

---

① Charlesworth, W. R., & Kreutzer, M. "Facial Expressions of Infants and Children," in Ekman, P. ed., *Darwin and Facial Expression*, New York: Academic Press, 1973.

验并破解了这些作为人际过程单元的行为。他在同样的过程单
元中体验到了关于看护人行为的感觉体验。

有关婴儿的运动体验最重要的一点是，它极大地决定了婴
儿的感觉体验的性质。从各种意义上讲，这都是真的。他可以
做一些事来改变看护人的行为，这样他就可以改变他对看护人
的感觉体验。例如，如果他将头和眼睛移向一侧，那么他就只
能通过边缘视力才能看见看护人的行为。在这种情况下，他就
会有一种完全不同的感觉—运动体验，虽然看护人的行为从客
观上讲并没有发生变化。或者婴儿的运动体验通过改变看护人
的行为，改变了其感觉体验。如果他发出微笑，并由此引得母
亲发出了带有回报性质的微笑，那么他就实现了这一点。

我们刚才描述的简单情况之中隐含了一个问题。如果婴儿
发出微笑，并由此体验到了来自面部肌肉的感觉，然后看见看
护人的面部表情在一段时间内没有发生变化，接着突然微笑，
那么他就会产生一种特别的感觉—运动体验。这种体验能够帮
助婴儿学会权变关系的时间形式（刺激，留出反应的时间，反
应）。如果在另一种情况下，他和看护人暂时被"锁定"在一
个简单的共同程序里，那么她就会在他微笑的同时开始微笑，
就会创造出一种完全不同的感觉—运动体验。第三种可能性
是，婴儿发出微笑而看护人的面部表情根本没有变化。婴儿需

要对各种感觉—运动体验进行对比，只有这样，他才能理解一种行为会导致另一种行为。

我们一般认为一岁内的婴儿是完全以自我为中心的，因为他没有在自己和他人，或在自己的行为和他人的行为之间划定界线，他认为自己的行为引起了他人的行为。他是怎样学会将自我同他人分开的？这是一个悬而未决的问题，但是他的感觉—运动体验明显给他提供了许多分化自我与他人——反映在他体验的感觉—运动融合之中——的机会。由于同样的运动体验可以伴有各种各样的感觉体验，而只有一些感觉体验才是他的运动行为的可预测功能，自我与他人的分化一定有某种来源。

一方面，我想说明的是，婴儿的运动体验的性质在多大程度上决定了他的感觉体验，并导致了一种融合体验。另一方面，我想指出的是，在一定程度上，他的感觉体验并不一定由他的运动体验的性质决定，这导致了建立在同样的运动体验基础之上的感觉—运动体验的多样性，在这种程度上，他就可以分化自我与他人了。

这种分化过程的一个简单例子是婴儿的"魔法控制"。"魔法控制"就是通过闭上和睁开眼睛，或者完全转移视线，让物或人消失，然后又恢复注视，让物或人再出现。在这个例子中常常被忽略的是，当婴儿重新看时，人的形象和姿势可能改变，也可能不改变。融合的感觉—运动体验是一把双刃剑。它以心理表象的形式创造了个体与他人的心理联合，同时也促成了个体与他人的分化。

情感体验

婴儿和看护人共同促进了对婴儿的注意、兴奋和情感状态的调节。我们讨论过看护人如何把她的行为作为刺激去改变婴儿的心理状态。从真正意义上讲，婴儿的兴奋和情感的时刻变化，既是看护人的目标校正刺激和婴儿的目标校正行动之间互动的结果，又是其原因。从婴儿的观点来看，这些强有力的内在变化和感觉并不只属于看护人的刺激（感觉体验），也并不只属于他自己的行动（运动体验）。它们更可能是包括看护人所做的、婴儿所做的以及内心所感受到的一致而复杂的体验的一部分。

为了更仔细地研究这些体验的心理单元，我们会暂时将它们区分开。脱离了感觉—运动背景，这些体验包括：一种注意力被吸引的感觉和一种兴奋和愉快感逐渐增加的感觉；体验到一种令人愉快或不愉快的兴奋感逐渐上升；体验到伴有谨慎、不愉快或愉快的兴奋感迅速上升；体验到兴奋感下降，愉悦感上升或下降；体验到兴奋感下降趋势的反转和愉快感的高涨；体验到刺激过度带来的不快感；体验到兴奋感略有变化，愉快感保持不变。不同程度的兴奋和情绪的结合多种多样，但都与普通的、可识别的内心体验一致。值得注意的是，我们主要关心感觉与兴奋在程度与方向上的变化，也就是说，关心的是内心感觉波动的节点。这种对变化节点的强调受两件事控制：首先，这些时刻最有可能具有较高的刺激价值；其次，这种节点的性质和时间延续，很可能与我所说的人际过程单元一致。

作为体验的内化单元的表象

我们很难简单地描述体验的感觉—运动—情感单元。这种体验可能就是个体在微笑后看到看护人微笑，积极意义上的兴奋感不断上升的感觉。这是人际体验的一种融合单元。另一个例子是个体察觉到一张隐约出现的脸，负面意义上的兴奋感迅速上升，个体明显地将头偏向一边，以减小知觉和内部感觉的强度。

对婴儿来说，婴儿和看护人之间的社会互动是由连在一起的成百个这样的体验单元构成的。这些感觉—运动—情感单元在每天的社会互动期间一再出现。因此婴儿有充分的机会将每个单元作为分离的表象内化。

　　我们不知道这些单元是如何被内化的，只知道我们形成了关于这些单元的相当清晰的记忆痕迹。我们推测，内化的体验单元的"大小"相当于一个人际活动过程单元，由连贯的互动体验片段组成。此外，要使一个体验单元内化为表象，它必须含有所有的三种成分。我们可以用开锁的钥匙进行说明。钥匙就是体验的感觉—运动—情感单元。打开允许体验被内化为表象之门的锁由三个齿轮组成。我们必须把每个齿轮（感觉、运动、情感）转动到恰当的位置，才能打开锁。用这个类比是想说明，缺少一个情感成分就不可能形成表象。另一方面，图式只要有感觉—运动体验就能形成。

　　体验的各个感觉—运动—情感单元被内化为一个表象后，这些最初孤立的表象是什么命运呢？它们是怎样组织在一起，形成更大、更有序的表象的呢？也许是通过与图式的互动类似的过程，表象之间联系在了一起。相关表象之间的联结形成了表象网。这些网络综合起来形成了一个更全面的关于他人的表象，或与其他人在一起的更精确的人际体验表象。从这种意义上讲，一旦这种表象变得足够包罗万象，它就成了存在于脑海中的一种关系。

　　一旦婴儿形成了一种更为合适的综合表象，那么我们便可以认为他以表象的形式给每个新的互动活动注入了一段关系史。这种关系史影响了每个新表象的形成过程。同样，每个新表象的感觉—运动—情感体验一旦被内化，便会改变关系史的结构。一种动态的互动在过去和现在之间、在已建立的表象和现在的变化之间、在这种关系和正在进行的互动之间发展起来。如果表象以这种形式建构起来，我们就可以认为，每一个婴儿和看护人的组合都可能发展出关于其关系的独特进程。看起来同样的互动结果，对于有着不同关系史的不同母婴组可能会迥然不同。因此关系具有方向和趋势。

看来在这里我们有必要假定：大脑有某种类似交互参照系统的装备，以便一个人的所有感觉形象或者得到编码的感觉可以部分地与表象的其他组成成分分离开来，"重新归类"或重新综合而形成感觉的部分表象或情感的部分表象。表象的三个要素可以很容易地实现分离、综合、分解和再联合，这不禁让我们开始思考一直以来困扰精神病学和精神分析的问题。一个普遍的临床现象是：体验或表象的情感成分脱离了感觉—运动成分，因此个体只能意识到后者。例如，个体可以通过声音、图像提取到关于与所爱之人在一起的情感场面的记忆，却无法回忆与此事件有关的感觉。当然也存在相反的情况：强烈的情感成分被提取出来，但与相关的感觉—运动成分脱离了联系。我们无法知道在表象形成初期，在婴儿身上这三种成分会发生多大程度的分离。然而，正如玛格丽特·马勒和其他人提出的那样，①形成和最大程度地联结"好"和"坏"母亲的表象，在不同的情境下拆卸和组装来自不同表象的部件需要一定的灵活性。

由于对婴儿和看护人之间的互动的研究几乎只集中在一段很短的发展期的社会互动上，我们只能绘出关于关系的一张不完整的图画。要得到更完整的图画，我们对游戏期的描述还必须有喂奶、换尿布、洗浴等。这些活动都包括了某些独特的感觉—运动—情感体验，因此我们可以想象，婴儿整合了看护人的不同表象（在婴儿心中，"游戏的母亲"不同于"喂奶的母亲"）。最初，这些整合的表象可能会有所重叠，渐渐才发展为关于看护人的统一表象。就这样，关于"游戏的母亲"的表象不断地在"喂奶的母亲"和"洗浴的母亲"的体验中反复出现，促进了婴儿关于母亲的统一表象的整合。

即使在成年人身上，整个建立关系的过程也绝没有停止，只是在婴儿身上表现得更明显，因为他变化太快。在生长和发展的过程中，他将不断地在互动中产生新的运动、感觉和情感体验。他的关系和表象总是在扩展、变化和再形成中。

---

①　Mahler, M., & Purer, M. *On Human Symbiosis and the Vicissitudes of Individuation*, New York: International Universities Press, 1968.

第八章

舞蹈失误

婴儿是调节来自看护人的刺激和自身的刺激的能手。母亲也是时时刻刻调节互动的行家。他们共同发展了一些微妙而复杂的双边模式。这些模式有时看起来对未来的发展过程十分不利，有时则显得相当"动人"。

　　我们承认，早期关系的性质极大地影响了未来的关系过程。毕竟在生命的早期阶段，婴儿是在学习从他人那里能得到什么，学习怎样应对他人以及怎样与他人相处。在相当长的一段时间内，婴儿只有有限的机会学习有哪些与他人相处的方式，而不是他即将知道的某种特殊方式。①

　　如果我们能抓住任何独特的母婴互动模式的本质，那么我们就有可能预测未来人际关系的进程，但我们没有这样的机会。婴儿的父母和研究者都坚持认为，婴儿的某些多变的特征

---

　　① 有少量研究者把父亲看作主要看护人。然而（至少从统计学意义上讲），更为确切的问题是关于第二看护人扩大、拓展、分化在主要看护人强有力的影响下出现的那些模式的效果。这不仅关系到大多数父亲，也关系到所有的扩展家庭和其他"次要"看护人。

（如活动程度），在发展中是始终如一的。[1]此外，在一定程度上，多数父母感到，他们自婴儿期开始就形成的那种难以形容却很好识别的关系模式在他们和孩子的互动中再次显现，尽管在不同的发展时期，这种"感觉"会有相当大的变化。在我们与他人的长期关系中，我们都体验过这一点。

然而，任何特定的母婴互动的结果都是很难预测的。当我们观察到这些早期关系的出现时，除非婴儿明显地偏离常态或受到伤害，或者母亲完全忽视或虐待他，否则很难说我们看到的是一个不良模式的开始，是"混乱状态"的正常显现，还是特定的婴儿与特定的看护人之间的个体化适应的形成。这里用一个例子展开说明。

我追踪研究的第一对母婴将我带上了一条艰难的、充满挑战的小道，迫使我对我作为研究者、临床医师的角色进行了重新评价。同他们一起度过的日子使我对预测结果、评估干预的时机颇为谨慎，这种谨慎一直持续到现在。

我最初见到珍妮时，她才三个月大。她的母亲很有生机，根据很多测试的标准，她明显属于那类侵入性很强、控制欲过剩的母亲。她看起来想要、需要和期盼能够带来高度兴奋感的

---

[1] Thomas, A., Birch, H. G., Chess, S., et al. *Behavioral Individuality in Early Childhood*, New York: New York University Press, 1963.

互动，始终把刺激水平保持在珍妮的最佳可容忍范围的上限。此外，母亲看起来并没有意识到刺激的程度问题。

在我遇见她们时，她们就这样上演着她们设计的"舞蹈"。一旦婴儿和母亲凝视一会儿，母亲立刻就会做出刺激水平很高的行为，表现出大量充分的、高强度的、带有视觉和听觉特征的社会行为。珍妮总是迅速地中断凝视。母亲从未把这种暂时的面部和视线转移看作她需要降低刺激水平的提示，也不让珍妮稍微远离自己的视线，这使得珍妮无法对刺激水平进行自我调控。相反，在珍妮扭头后，母亲也朝同一个方向扭头，以求重新和珍妮面对面。一旦母亲达到这个目的，她就会用面部和声音重新发出高水平的刺激。珍妮再次将头转开，将脸埋进枕头，努力中断一切视觉接触。接下来，母亲并没有克制自己，而是继续追逐珍妮。枕头的存在使她不能和珍妮面对面。于是这一次，她靠得更近，想要有所突破，和珍妮建立联系。她还试图在面部和声音刺激中加入触摸和挠痒痒等行为，进一步提高刺激的水平。有趣的是，绝大多数观察者都认为安静地坐着观察这种干预的体验是痛苦的。这种体验使观察者感到无力和愤怒，还常常伴随着腹胀和头痛。

珍妮的头钻进了角落，她的下一个办法就是"回避"。她迅速地把脸从一边转向另一边，以回避母亲的脸。当她与母亲面对面时，珍妮闭上了眼睛，以避免和母亲的任何视觉接触，只有在把头转到另一边时她才重新睁开了眼睛。珍妮在做所有这些行为时，都面带严肃的表情，有时甚至会露出怪相。

母亲追她到另一边，连续发出刺激，这又使珍妮把头移得更远，做出另一个回避动作。在一系列的行为失败后，母亲把婴儿举起来，双手放在她的腋窝处，让她和自己面对面，悬在自己面前。这个办法常常能成功地使珍妮面对她，但当她把珍妮放回去后，相同的模式又开始了。重复几次后，母亲看起来感到失望、生气，而珍妮也相当烦恼。此时互动结束，母亲把珍妮放回床上去了。

这种干扰行为的性质，很难不使人认为婴儿或看护人带有某种无意识的敌意。从观察者的角度来看，这种干扰行为似乎是不可思议的，因为母亲居然意识不到她在互动中那令人讨厌的一面。然而，站在看护人的立场来看，这一点是可能的。类似的行为并非总带有敌意。热情、动机良好，但经验不足，加上人际感觉的迟钝都会促使母亲做出类似的行为。

无论如何，母亲追逐和婴儿躲避的一般模式是很常见的。珍妮和她母亲的互动模式的异常之处是互不退让的追逐和各自的负面情感。其他母婴之间的追逐和躲避模式是一种灵巧的相互调节，能使刺激水平保持在婴儿对刺激和兴奋的忍耐限度的上限，也允许使其心旷神怡而不是厌恶的微小调整。在这些情况下，在婴儿中断了凝视后（常常带着一点微笑），母亲在追逐前等待时机，让婴儿能够自行调节其心理状态，并产生对母亲的下一个动作的预期。然后，母亲会用较低水平的刺激重新开始同婴儿的"追逐战"，并逐渐提高刺激的水平，直到婴儿再次躲开。

有时候，追逐—躲避模式从刺激—反应的意义上讲并非如此有序，却有共享的、同步的、程序化的次序。在这种情况下，当婴儿躲开之后，母亲会在追逐前稍做犹豫。她仔细地估量出犹豫的间隔，在她开始追逐时，婴儿可以开始躲避，接着两人又同时停下，但仍未彼此面对，两人之间的距离也没有改变。

珍妮和她母亲之间的模式不会带来这样的快乐或轻松之感。在接受观察几周之后，她们之间互动的基本模式并没有改变，除了双方都做出了一点让步。珍妮越来越经常地回避母亲的目光，母亲虽然未改变其方式，但她与珍妮的互动也变少了，只是花时间坐在那里。大约一周后，珍妮几乎回避了所有投来的目光，更加频繁地把脸偏向一侧，面部表情也荡然无存。我对此十分担心。

随着情形的恶化，我变得警觉起来。我的警觉大部分来源于如下知识：回避目光接触和面对面，被认为是儿童自闭症最持久和最一致的特征。[①]此外，一直有传言称，在某些自闭症和儿童精神分裂症患者身上，这种视觉转移最早见于他们在出生后的最初半年。我担心我正在观察的是自闭症的早期发展。我以前没有采取行动的原因与我"看"母婴互动的特殊方式有关。我被实验者的角色支配着行动。这并不是因为必要的干预会中断"实验"。问题既简单又复杂。当我带着摄像机访问这个家庭时，我只是在用技术的眼光观察，注意角度、镜头、照明，几乎没看见其他东西。只有在大约一周后，当我回到实验室研究录像时，这种行为层面和临床层面的细节才展现在我面前。这时我才把这种互动看作临床实例。相应地，我是在几周之后才了解到这种具有破坏性的细节的。当我认识到两周前发生在母婴之间的事情的潜在破坏性时，我请教了几位同事，立刻又进行了一次家庭访问。珍妮此时已经快四个月了。我带了摄像机，但像临床医师那样观察了互动，随时准备干预，除非情况已经发生了变化。事实上，情况真的发生了变化。

不知怎么地，珍妮和母亲之间产生了更多的相互凝视。追逐与躲避游戏虽然看起来仍有些不妙，但程度已减轻，珍妮和

---

① Hutt, C., & Ounsted, C. "The Biological Significance of Gaze Aversion with Particular Reference to the syndrome of Infantile Autism," *Behavioral Science*, 1966, 11, 346−356.

母亲共享了一些快乐的时刻，还产生了少许微笑。那天我什么也没说，然后回到实验室去发现几周前我没有注意到的地方，结果发现珍妮和母亲的关系在两周以前就有了明显的改进，我只是在观察它的延续。这段情节在愉快中结束了。珍妮与母亲之间的互动继续得到改进，虽然我不知道为什么。母亲只是稍稍降低了一点刺激的水平，变得不那么具有"控制欲"和"攻击性"了。也许最大的变化发生在珍妮身上，这可能是因为机体的成熟。（对于三个月大的孩子来说，两周的时间够长了。正如伯顿·怀特所说，婴儿渐渐变得能够忍受更大强度的刺激。）①珍妮似乎能够更好地应对来自母亲的刺激，并开始给予母亲更多的积极反馈，让母亲改变自己的行为。恶性循环被打破了。这个过程并未到此结束。每到一个新的发展阶段，珍妮和母亲就会重新上演一场呈现与应对过度刺激的戏码，只是用不同的行为和更高级的组织手段。我们还不知道什么样的优势与益处，或者什么样的弱点与缺陷，会最终出现在珍妮未来关系的历程中。

　　我仍然在想，如果珍妮天生就对刺激更敏感或调节能力成熟得更慢一些，能渐渐地忍受更大量的刺激，事情是否还会是

---

　　①　White, B. *Human Infants: Experience and Psychological Development*, Englewood Cliffs, N. J.: Prentice-Hall, 1971.

这样的结果。如果不是，那么及时的干预会起作用吗？问题仍然悬而未决。假如我在访问那天进行了干预，尽管事情正在自我修正，那结果会是更好还是更糟？毕竟她们开始靠自己的力量解决这个问题，而没有因受到干预而产生潜在的混乱。

　　婴儿和看护人相互调节、修正或不修正他们互动的每个过程，使我们对母婴关系的两个临床方面有了新的看法。第一，两人间的错误调节，或者对注意力、兴奋程度和情感状态的目标修正式失败指的是什么？第二，婴儿做出的任何目标修正式行动，可被看作适应或调节当时情景所提供的内外刺激的应对策略。早期应对机制和防御操作之间的界线很模糊。我们发现，我们正在考虑早期应对机制和防御的起源。重要的是要记住，在这种社会情境下，婴儿对适应做出的不断努力与他和他人相处的经验是一致的。

调节失败与刺激过度

　　刺激过度有许多表现方式，调节方法也有很多。我们可以迅速地看一下刺激过度的"原因"。最初的刺激可能来自看护人或婴儿。在其中任何一种情况下，错误搭配都有可能出现。对我们的目的来说，最初的责任问题是不重要的，因为"机体"和"患者"是双边的。因此，如果有可能，我们有必要描述潜在的错误调节的最初刺激来白何处。

看护人的控制和侵入行为属于最常见的造成刺激过度的原因。我们通过详细观察发现，大多数控制行为涉及对婴儿的自我调节行为的干预。例如，如果看护人无视婴儿的视觉转移，未让婴儿达到某种目的（如珍妮的例子），婴儿就被剥夺了适应刺激水平的主要自我调节机制。婴儿就不得不去发展一种比较极端的调节或终止行为。这种行为的另一个简单例子，我们可以在充满生气的社会互动过程中看到。如果婴儿突然从微笑切换到"严肃脸"或怪相，情感的属性从积极转向了消极，那么母亲可再次关注甚至强化这种希望得到放松的交流信号。反之，母亲的功能性反应或控制性反应会极大地增强她的行为表现的强度与复杂性。如果她那样做，她通常会暂时成功地让婴儿的注意力集中到她身上，但紧接着婴儿会表现出更多的烦恼和不愉快。重要的是，在那短暂的过程中，婴儿将失去这样的机会：他能够通过情感交流成功地调节外部世界和内在状态。失去一次机会并没有什么。然而，如果这种体验是经常性的，婴儿就可能认为，他的面部表情对改变世界来说是无关的交流活动，或者认为自己的面部表情只会把事情弄得更糟。这个问题十分严重。婴儿需要一种综合体验：与情感状态联系在一起的成功重建外部世界的运动体验，即体验到在愿望或需要的范围内能够改变情感状态。如果他们不这样做，情感的运动表达将慢慢地被抑制，婴儿会渐渐地停止做富有感情的面部表情。

在这些具有控制性和侵入性的行为的例子中还隐藏着另外两个要点。第一点，要做出控制性的行为，看护人必须对变化和线索具有相当的敏感性。你得像做出"正确"反应一样，对人际线索做出一些错误的反应。这就出现了矛盾。从看护人的角度来看，做出具有控制性和侵入性的行为可能需要很高的敏感性。这引出了第二点。假设某些婴儿生来就有点冷漠或不够活跃，或者有一定程度的发展滞后，那么对正常婴儿看起来"适合"的看护行为可能在他们看来会是控制性的和侵入性的。事实上，看护人可能知道她的行为是具有控制性和侵入性的，但她决定（有意识地或无意识地）发展婴儿对刺激的敏感性，给他带来更多的生气，甚至会把干预他的自我调节机制的发展作为暂时的代价。从长远来看，她很有可能是正确的。

正如埃斯卡罗纳充分表明的那样，我们绝不能忽视看护人对婴儿行为的预期与婴儿的实际行为之间的匹配问题。有时候，看护人和婴儿明显是在可容忍的刺激范围内，却各自在这个范围的两端。错误搭配也会导致控制和侵入的双边情况出现，或者产生不同的解决办法。

　　同控制性的行为相比，一个活跃的或过于热情的看护人对婴儿行为的不敏感也将导致调节的失败。然而，在这种情况下，看护人忽略了婴儿想降低周围刺激程度的人际线索和自我调节意图。因此，她没做出目标修正式变化。婴儿的行为相对来说不那么紧要，他的行为（在一定范围内）不会使事情更好或更糟。我感到这类母婴关系的质量不如那种公开表示反感却具有高度敏感性和控制性的看护人与婴儿建立的关系的质量。总之，对婴儿来说，即使看护人做出了错误的反应，也比没有反应要好。临床记录一般都证实了我的这种看法，斯皮茨和鲍尔比对孤儿院的孩子的研究也证实了这点。不考虑快乐的价值，敏感性本身在这种关系中是一种有效的因素。

　　面对过度刺激，特别是看护人不敏感的地方，婴儿会利用不同的"技巧"去适应调节有误的系统。他们变得双目无神，尽量避开看护人的脸。斯皮茨指出，几乎所有的婴儿偶尔都会这么做。然而这种行为持续困扰着我。它会不会是源于同感觉有关的内部情感状态的感觉分离的初期形式？当婴儿进入这种凝视状态，我猜测他会将目光重新聚焦在一个非常遥远的点上。不过他的目光停留在看护人的脸上，有关看护人的面部表情的形式知觉被记录下来，虽然并没有被留意到。因此婴儿能够确切地察觉到看护人在干什么，但是他对她提供的刺激活动的视觉注意并不多，以至于这些活动看起来不再能够影响他内心的兴奋程度或情感状态。

我曾观察过一个相当迟钝、提供过度刺激的母亲和她的孩子的互动。我发现她的孩子在四个月大时就熟练地驾驭了这种部分忽视的特殊能力。我观察了这个孩子成长的整个第二年，他发展成了一个相当正常的小男孩，情绪虽有些低落，但不乏生气。他保持着一种倾向或能力，让你觉得他心不在焉，思想漫游到别处去了。无论如何，这种现象并不是一种病态的迹象。我们正在观察的这种复杂的心理和行为操作，在生活压力很大的情况下，很有可能演变成适应不良的应对或防御性操作。

在面对充满过度刺激的互动时，变得没精打采、缺乏行动，是另一种相当有趣的婴儿行为。在对一次母婴互动进行逐个镜头的分析时，毕比很好地描述了这一点。在这次互动中，母亲过于热情地和婴儿开展追逐—躲避游戏。在视觉转移、用面部表情发出情感信号、身体逃避都失败之后，这个婴儿有好一会儿都显得没精打采。我们在许多婴儿身上都见过这种暂时的抑制性行为，常常伴有盯视。在有些婴儿那里，这种行为似乎成了应对过度刺激的惯常方式。

这种推测的意义是深远的。考虑到四个月大的婴儿能随意控制的运动工具主要是由眼睛、面部、头以及一些并不协调的手臂和腿的动作组成，这种没精打采似乎显示了他对执行功能的有力抑制。这里又出现了问题，我们是否又在观察某种病态行为的萌芽，它在"对"与"错"二分的生活环境的压力之下，会演变成对人际压力适应不良的运动抑制或反应迟钝。

最后，有些婴儿可能对刺激异常敏感，或者说他们的阈限较低。那么即使看护人输出的刺激的水平适中，这类婴儿也很难不受到过度刺激。看护人必须调节自己的行为。"问题"也许不仅仅在于婴儿的刺激阈限较低。这类婴儿也许还不太能够忍受刺激程度和内心兴奋程度的迅速上升。通常来说，程度逐渐提高的刺激能够使婴儿微笑，但对这类婴儿来说却太过强烈，往往会引发他们哭泣。即使刺激在最理想的范围内，其增长速度也可能太快了。

一些理论认为，许多生来就对大多数刺激高度敏感的婴儿会逐渐产生适应性，保护他们免受包含大量过度刺激的人类活动的侵袭。较极端的适应会导致婴儿出现严重的保护性和退缩性行为，这些行为在罹患自闭症的孩子身上很常见。然而这些理论及其变体还需要被证实。的确，少数罹患自闭症的儿童都有一段在婴儿期对多数刺激，特别是人类刺激格外敏感的经历。然而，绝大多数过于敏感的婴儿，要么随着发展的进程变得不那么敏感了，要么成了对刺激有较低阈限的正常儿童和成年人，并且常常具有更为协调的灵敏度。

调节失败与刺激不足

任何阻碍吸引和保持注意力，或让刺激程度和情感降到最佳范围之下的情况，都可被称为刺激不足的情况。这种双边情况的原因可能在起源和逆转性上都非常不同。在母亲一方，原因主要是执行有效的社会行为方面存在的障碍。

如果母亲情绪沮丧，她也许能完成所有的实际看护活动，但面部不会有表情，声音不会甜美，行动不会活跃，也不会去精心设计足以影响婴儿的注意力、兴奋和情感的刺激强度和形式了。产生情感的那种觉醒波动所必需的逐渐增长并达到高潮的刺激也会消失。重新抓住逐渐减退的注意力所必需的那种在音高、速度或方式上的快速变化也会消失。能够引起悬念的速度延伸和在时间控制上产生的令人吃惊的变化也会消失。情绪低落的看护人不可能为了同婴儿玩耍而仔细琢磨她自己的行为。

一位罹患精神分裂症的母亲表现出平淡的情感反应，她调节提供给婴儿的社会刺激的强度和种类的能力低下、范围有限。由于性格或神经方面的原因，过分抑制自己的自发性行为的看护人似乎都会处于同样的境地。（然而，我们经常见到，有些看护人在与成人的大多数互动中受到抑制，而与婴儿在一起时却充满了活力。）

刺激不足也可能发生在具有相当正常的社会行为技能的看护人身上。尽管从各种标准来看，婴儿都是相当合适的诱发刺激物，但她们身上有一种干扰婴儿诱发能力的特质。如果看护人强迫性地沉迷于自己与婴儿无关的想法，或者她厌恶、拒绝婴儿或自己的看护人角色，那么她对婴儿发出的邀请就会无动于衷或不敏感，并且无法预知自己的社会行为，尽管她可能具有完全合适的、潜在的技能。因此，刺激不足的情况就会出现。①

我们还看到其他导致刺激不足的情况。有些看护人过于敏感，或担心遭到婴儿的拒绝。有时候，这种不安全感只限于她们的看护人角色，但通常这是一种更普遍的不安全感的表现。无论是其中哪一种情况，看护人经常表现出这一点：她感到婴儿的每次注意终止、视线转移都是一次"小的拒绝"，每次回视都是一次"小的接受"。看护人感到被拒绝，她把婴儿的视

---

① 在所有这些情况中，婴儿主要的感觉—运动—情感体验可能是什么，这值得思考，因为它们将内化而形成他最初的也是最重要的关系表象。

线转移看作永远的中断行为，于是她站起来走开或把婴儿放下，以此结束互动，而不是把这种转移看作暂时的中断或重新调整的行为。因此，游戏期常常结束得太早，早在婴儿想要结束之前。其结果是，这种刺激持续时间不符合婴儿的接受能力。

如果看护人只有有限且陈旧的社会行为技能，那么也会发生同样的刺激"不符"。有的父亲或其他家庭成员很少与婴儿互动，他们滑稽的表现证实了这种情况。当行为老套的父亲下班回家时，他和婴儿都准备游戏，他匆匆地表演完了他的全部技能。首先，他把婴儿"放在膝上上下颠"，两个人都很高兴。当婴儿慢慢习惯了这种刺激，他就开始做"左右摇头"这种动作，之后又转为"挠痒痒"。在这三种游戏中，他是极丰富的刺激来源，从一种游戏切换到另一种游戏，对婴儿的动向非常敏感。然后，在"挠痒痒"结束后，父亲已用尽了他会的全部游戏技能。接着他就结束了互动，而婴儿可能已经厌烦了最后一个游戏，因而准备进行一个新的、不同的游戏。不幸的是，父亲没有任何"新招"了。

当看护人因某种原因在任何一种游戏方式中——常常是在触摸或提供强有力的动觉刺激的游戏中——都明显受到抑制，甚至表现出恐惧，类似的情况也可能会发生。在这些情况下，互动进行得美妙而顺利，伴随着丰富的、多变的声音和面部行为。然而，在某些点上，为了维持这种互动的推进，一些不同的、有力的刺激需要被加入进来，如通过触摸制造触觉刺激。如果看护人不能提供这类刺激，互动便会开始"消退"。

到目前为止，我只提到了看护人是错误调节的最初来源，主要的原因也可能在于婴儿的行为。如果婴儿不活跃或有明显的发展滞后或轻微的脑损伤，那么一般有效的刺激量就不可能让他达到或保持在最理想的范围内。同时，他将不可能做出激发看护人产生社会行为的微笑和其他行动。那么，看护人就陷入了困境，她不能从婴儿那里接受适当的刺激，以产生能够激发婴儿进一步做出诱发她下一步行动的行为。即使看护人能独自进行下去，常常要凭借很大的努力，她的努力也许不足以刺激婴儿，也可能维持不下去，除非有相当的决心，而那是令人精疲力竭而又缺乏回报的。在这种情况下，要使双方的互动能够相互调节，看护人得重新调整她自己的行为技能和刺激，以适应婴儿的反应范围。她还得"重新训练"自己，以便发现婴儿会关注什么样的社会行为以及什么样的社会行为是对她的行为的响应。这并非一件容易的事。然而，在一定程度上，一个能够相互调节的双边系统可以给婴儿的社会发展和认知发展带来很多益处。

调节失败与反常刺激

我们看见过少数母亲只有在婴儿受了伤害或遇到不幸时才会给婴儿提供有效的刺激。这是反常反应的一种异常的、少见的形式。这类母亲对婴儿都会产生非常矛盾的心理，并且她们对婴儿的看护质量接近失调，我们可以把她们看作"疏忽性的"或"虐待性的"母亲（这两种类型的母亲常常很难区分）。这类母亲面对婴儿时常常毫无表情，似乎没有什么社会互动，更不用说和婴儿进行生动有趣的游戏了。

所有婴儿都会做出一些自我伤害的行为，如在椅子上失去平衡，慢慢地滑到一边；拿着一勺东西找不着嘴，将东西喂到眼睛、鼻子或下巴上；自以为能够得着某物，却误判了距离，结果整个身体向前俯跌下去；判断错了物体的运动轨迹，结果让物体撞到了自己的前额。许多类似的事情实际上像滑稽剧一样有趣，多数看护人会笑出声来（如果婴儿没有真的受伤），并安慰似地对婴儿说"好了，好了"。

这类母亲的异常之处在于，只有当这些不幸之事降临在婴儿头上时，她们才会活跃起来。只有受到婴儿遭遇不幸的"有趣"环境的激励，母亲才会表现出婴儿诱发式的社会行为。在这些时刻，母亲从毫无表情的状态走了出来，成了有效的互动参与者。此刻，婴儿通常迅速从不幸中恢复过来，对母亲做出反应，接着共享难得的相互都愉快、兴奋的时刻。问题当然是，婴儿与母亲在一起感到快乐的主要时刻，是直接同前面的不愉快感联系在一起的。几乎没有更理想的学习范式能够让婴儿获得这种受虐的经验：把痛苦作为愉快的条件或先决条件（这些母亲的母性行为并非没有施虐的色彩）。

尽管"普通"的母亲也会因婴儿的小小不幸而感到好笑，随后活跃地行动起来，但她的婴儿诱发式社会行为是由大量其他更常见的行为唤起的，或者自发产生的，所以在不幸与随后的愉快之间并不会产生联系。

另一个更为普通的反常刺激形式是：在别人身上花费大量的时间、精力，同时避免与别人完全接触和完全分离。我们作为学习人类行为的学生，都见过多种复杂的人际交往"舞蹈"。这些人际交往形式使人们失去真正的互动良机，又让人避免了真正分离的可能性。这可能发生在夫妻之间、父母与孩子之间，或者朋友之间。相互的敏感性在于确保"想念"和保持"联系"。

相互靠近—远离是一种典型的人际交往"舞蹈"。我以前详细分析过这种复杂舞蹈的变体。[①]就像这样：

一位尽心尽力、有爱心的母亲生了一对双胞胎，马克和弗雷德。正如我们一般在双胞胎母亲身上观察到的那样，有了双胞胎，一些"正常的"矛盾心理被分开了——她的更多的积极情感被投注在一个婴儿身上，更多的消极情感被投注在另一个婴儿身上。这并非不正常，一般在一段时间后会得到修正。在这个特别的例子里，当婴儿还在腹中时母亲就对他们有了区分。因为母亲把自己看作一个活跃的、精力充沛的人，所以如果一个婴儿在她肚子里的时候蹬踢得多，那么她对这个还没出世的"活跃分子"就会留下深刻印象。在分娩之后，她以某种方式推测马克就是那个活跃的、在腹中蹬踢个不停的婴儿。无论如何，母亲发现与马克相处自然一些，她体验到一种亲密的关系，而她和安静的弗雷德的互动则要生硬、无序得多。

我们之所以选择特别的游戏阶段进行逐帧分析，是因为这个阶段具有大多数社会互动的特征。母亲坐在地板上，两个孩子分别坐在她面前的婴儿车上（他们有三个半月大）。和往常一样，母亲与马克的互动毫不费力，同弗雷德的互动则越来越

---

① Stern, D. N. "A Micro-Analysis of Mother-Infant interaction: Behavior Regulating Social Contact Between a Mother and Her 3½-Month-old Twins," *Journal of the American Academy of Child Psychiatry*, 1971, 10, 501–517.

差，直到他惊叫，草草地结束了游戏。我想知道在母亲与马克、母亲与弗雷德之间到底有哪些地方显得不同。为了弄明白这一点，我们通过电影编辑器逐帧观看了这段片子，每一帧都编了号。这样我可以让影片前进或倒退，想看多少次就看多少次，需要多快或多慢都行，随时记录下每个镜头里发生的事情。

采用这种方法，我们发现的第一个现象就是母亲和弗雷德倾向于一起行动，就像一条线牵着的两个木偶。另外，他们的动作模式十分清楚。当母亲靠近弗雷德时，他退回；当弗雷德靠近母亲时，她退回。这种模式见图8（取自影片）。

母亲和婴儿可以同时活动，也可以同时开始和停止活动，至少在短时间内是这样。这项研究支持了共同程序模式，而不是刺激—反应模式。为了使自己相信多数类似的"共同起舞"确实发生过，我遮盖了一半屏幕，记录下了什么地方母亲开始靠近或离开弗雷德。然后反过来，我记录下在哪个镜头里弗雷德开始靠近或离开母亲。在比较了这两种记录之后，我明显地看出，在大多数时间里，这两个人都在同时做动作。然而有时候，一方会早在另一方之前开始或停止行动，所以一个行动被看作刺激，另一个被看作反应。在这些情况中，母亲稍微有点像领舞者。

后来证明马克也几乎是与母亲同步行动的，但只在互动期

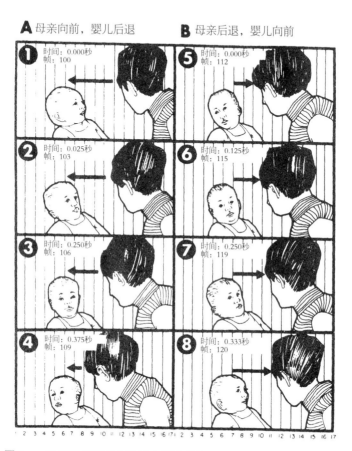

图8　一位母亲与其三个半月大双胞胎婴儿之一间的靠近—远离模式

间面对面和相互看着对方时才这样，否则马克的行动与母亲的行动是毫不相干的。另一方面，弗雷德继续与母亲同步行动，即使当母亲没有看着他或与他互动，甚至当他也没直接望着她时。很明显，他始终用边缘视力监控着母亲的行动，并且用自己的行动做出响应。在这种情况下，他始终保持着与母亲的联系，从未中断。但马克只是在他们相互凝视时才有反应。

这两个互动的另一个重要区别是母亲对两人的视线转移采取了不同的行动。如果马克转过脸去，母亲认为这是暂时的中断，她要么望着一边，要么静静地坐着。如果弗雷德转过脸去，母亲则并不认为这是中断信号，反而向他靠近，好像要强迫与他更充分地接触，而结果只能迫使他离得更远。

总之，弗雷德和母亲之间的舞步模式遵循以下重复序列：如果弗雷德和母亲相互凝视并持续一会儿，那么当母亲朝他靠近时，他一定会稍微转移他的视线。母亲不把弗雷德的面部转移看作回避的信号，而是把它看作靠近的信号。她如此对待弗雷德的一个原因是她认为弗雷德和马克不同。即使当弗雷德转移视线时，他仍继续监控着她的一举一动，通过他对她行动的反应，她可能觉察到了这一点。她认为他仍然想与她接触，所以她靠得更近，想面对面地直视他。母亲的这种行为让弗雷德做出了夸张的面部转移行为。当弗雷德转换姿势，转向她时，她又后退并离开了。这仍属相互靠近—远离的模式，但方向相反，弗雷德靠近，母亲远离。当她完全远离、不看弗雷德时，弗雷德仍面对她，重复着靠近和远离的模式，虽然她的举动不再与他有关，她正看着别处。然而，他凝视着她并跟随她运动，很快又重新吸引了她的注意力。她再次转向弗雷德。当她靠近他时他避开了，他们重复着同样的互动舞步。

这种"错步"模式的鲜明特征之一是，母亲和弗雷德决不会相聚很久，也不会分离很久。他们花了更多的时间来解决这个问题，但最终还是失败了。（马克和母亲互动时间少一些，更多的时间花在凝视和面对面接触上。）

这种互动模式的有趣结果之一是，在生命的第二年，与马克相比，弗雷德仍不能建立和维持与母亲和他人的相互凝视，也不能像马克一样离开母亲，自由玩耍。总而言之，他仍不那么依恋母亲，也不那么独立。

从这个反常刺激的例子得到的主要推断之一是个体在生命的第一年（主要的发展问题是依恋）建立的互动模式可以部分地预测个体在分离—个性化方面（生命第二年的一个重要主题）的发展。

依恋和分离，或者参与和脱离，有着密不可分的联系，就像硬币的两面。一般说来，当第一年看到婴儿时，我们会关注依恋方面。当第二年看到他们时，我们会关注分离—个性化方面。这在一定程度上是人为的、具有潜在误导性的、在关注点上的变化。在个体生命的第一年，个体会出现大量依恋行为。微笑、凝视、喃喃自语是引起人们注意的方式，而视线转移、盯视和暂时抑制则是这些方式的补充。在第二年，个体开始出现大量分离行为，多动、从看护人身边走开、与实物玩耍等，成了婴儿发展的主要方式，而回视母亲、间歇性地发声则成了补充方式。

生命第一年和第二年的整个"情境"包含了主要方式和它们之间的空间形态的关系。参与和脱离的结构和功能交织在一起，以至于不管孩子处于哪个发展阶段，参与（或脱离）的发展史一定也包含着脱离（或参与）的发展史。分离和个性化的开始也是依恋的开始。

第九章

走自己的路

很明显，当婴儿或母亲表现出"异常"行为时，我们必须马上运用可用的且有益的知识和智慧进行干涉。作为看护者、研究人员、教育工作者和临床医生，我们处于不同的、过渡性的位置。我们因为有关婴儿的社会性发展的生物学和心理学知识不断增长而备受鼓舞、兴奋不已，但我们还不能完全将这些知识转化成日常实践。对转化的研究促使我们提出"如何知道什么是正常、什么是异常以及该如何做"的问题。干预，即使是教育干预，也总会出现问题。我们需要克制新知识带来的热情。

　　首先，我们还不知道在我们的文化背景中，什么是正常的婴儿—看护者互动模式。干预意味着某种可辨识的事情出错了。在接受了相同训练并且具有相同背景的观察者心中，某个家庭的潜在病理模式与正常模式之间的区别并非总是明确的。毕竟，婴儿在环境的塑造中成长、生活，与看护者相适应。爱利克·埃里克森（Erik Erikson）使我们明白不同的社会是如何塑造孩子，以使他们适应社会的需要和性质的。每个家庭的情况也是如此。

其次，即使大多数人都认为某次互动出了问题，我们也不能确切地知道它是否会在一个月内或在下一个发展阶段自行修正。我们也不知道如果它不会自行修正，结果会怎样。因为不能确定这一点，所以干预是不合理的。

最后，即便我们能确切地告诉看护者"这样做，不要那样做"，治疗也可能比疾病本身的影响更糟。看护者的社交行为的特征之一就是自发性。事实上，看护者有效地表现由婴儿诱发的社交行为的能力，在很大程度上是以对自己行为的信任为基础的。这种自我信任的缺失将会导致看护者能力受损，给互动增添压力。

看护教育是妨碍干涉的另一个问题。然而，某种形式的看护教育是被迫切需要的。在对大多数初为人母的看护者的研究中，我了解了她们中的大多数人如何真正地"学会了本事"，而不是从医疗或教育机构那里学会。如果一位女性不是生活在一个几世同堂的大家庭里，那么她会在一些非正式团体中学会相关的看护技能。这些不大、临时却无处不在的流动"机构"是非常重要的知识传播者。她们是碰巧与你住在一个街区或一幢楼房中的人、你的姐妹认识的人，你在操场上遇到的某个人、她的孩子与你的孩子同龄的人……如果你幸运的话，她其实就在你身边。

正是在这些结构松散、非正式的社会团体中，而不是在所谓的正规机构中，看护者接受了实际教育和"工作"所需的情感支持。我觉得做一个主要的看护者更像是在做一个有创造性的艺术家（一个舞蹈家或作曲音乐家），在工作的同时进行创造。注意，我所指的是无声的、动态的艺术。至少在孩子的婴儿期，看护者从事的正是这样的"艺术"。

文化规范无论如何都会对看护者的养育方式产生影响。正规的训练是有用的、无价的，但只是对掌握换尿布、洗澡、营养、喂奶等基本技术而言。然而，与婴儿互动、游戏的过程实际上是不能教的。这并不是说看护者不能逐渐获得有关这个过程的知识，发现在这个过程中更容易进行创造和表现，更喜爱这个过程。

学习与婴儿互动的过程和获得互动过程的"感觉"，对不同的看护者来说都是相同的，但也有一些实际的区别。主观上讲，对每个看护者来说，似乎她碰到的活动和感情对她和婴儿而言都是高度个人化的、独特的，因而也是专有的和不可分享的。在持续的即兴表演——常常也是怪异的社会互动——中的创造和表现可能是一个孤独的过程，甚至是一个异化的过程。没有人描述过可以遵循的"步子和曲调"，因为它们是即兴表演。没有人罗列过一个看护者在与婴儿相处时，不知不觉运用的那些新的、不平常的、出人预料的大量行为组合。有时，多数看护者会发现或感觉到，她们处于她们自己创造的即兴表演的险境中。对一些人来说，这种体验令人振奋；对更多的人来说，这种体验常常令人害怕。

我认为，所有创造性的冒险行动（与婴儿的日常社会互动也是其中一种）会不时让个体处于那种孤独的境地，让个体质疑自己选择的方式和正在做的每一件事。由于这种原因，我认为看护者周围有养育经验的同辈群体就是最好的教育"设备"。他们向看护者传授新的思想，提供情感支持，使看护者认识到每个好母亲都可以独当一面。

也是基于同样的原因，我写了此书。我努力和大家分享知识，以便让看护者能创造出她自己与婴儿独特的"舞步"，也让看护者知道她所做出的独特"动作"、即兴表演，对我们来说都很普遍。

从这些研究中获得的第一个领悟是：社会互动行为，即使是同婴儿的社会互动行为，是一个独特且复杂的过程。这些社会互动行为包括：即兴表演发自内心的行为；自发地创造和改变时间模式和行为序列；在互动中，基于一闪即逝的暗示而不假思索地灵活地改变音高、音调、音速和方式，只得到模糊的体验和部分的证实，却能充分地感觉到它们可以导向新的、未知的行动方向。但是这一切都在自然界给婴儿和看护者提供的牢固的结构框架之中。

　　另一个重要的领悟是：结构中的变异系统是这样一个系统——婴儿和看护者都要做出必要的行为和反应，以确保它能健全地"运行"。这种运行的特征反映了自然界的作用，自然界通过数千年的进化使旨在发展个性的互动系统逐渐完善，而不是导致错误。

致谢

本书能够完成，要感谢一些同事不吝与我讨论，并给出意见和建议。他们不仅促成了本书的写作，而且促成了与本书相关的研究。我要特别感谢约瑟夫·贾菲（Joseph Jaffe）、比阿特丽斯·毕比（Beatrice Beebe）、盖尔·沃瑟曼（Gail A. Wasserman）、斯蒂芬·贝内特（Stephen Bennett）、萨姆·安德森（Sam Anderson）、约翰·吉本（John Gibbon）、克雷格·皮里（Craig Peery）以及利兹·夏普利斯（Liz Sharpless）。我还要感谢劳伦斯·科尔布（Lawrence C. Kolb）和霍华德·亨特（Howard F. Hunt）。作为我的良师益友，他们给我提供了非常有益的帮助。本书中的多数研究得到了威廉·格兰特基金会、纽约精神卫生研究基金会和简·希尔德·哈里斯基金会的支持。我还要特别感谢菲利斯·雅各布斯（Phyllis Jacobs）帮助我整理文稿，感谢苏珊·贝克（Susan W. Baker）在本书的写作过程中不断给予我鼓励。尤为重要的是，我应该感谢那些让我们获得第一手数据的家长们。